Johanna Riech
Physikalische Gerätekunde
Hrsg. Herbert Gebler und Christiane Eckert-Lill

Vorwort

Das vorliegende Buch ist kein Physikbuch im üblichen Sinne, das die großen physikalischen Themen abhandelt, sondern es bezieht sich auf das Lernfach »Physikalische Gerätekunde« und beschreibt die physikalischen Geräte, die der/die pharmazeutisch-technische Assistent/in in der Apotheke einsetzen kann, um die Qualitätskontrollen des Arzneibuches durchzuführen. Wenn notwendig, werden die entsprechenden physikalischen und auch chemischen Grundlagen, nach denen die Geräte funktionieren, dargestellt. Die Ausführungen sind bewusst einfach gehalten mit Rücksicht auf die Schülerinnen und Schüler, die mit doch sehr unterschiedlichen naturwissenschaftlichen Kenntnissen die PTA-Schule besuchen. Die vielen Abbildungen sollen einer Generation, die durch Bildersprache und Fernsehen geprägt ist, die Materie besser verständlich machen.

Hannover, im Sommer 2009 　　　　　　　　　　　　　　　　　　　　Johanna Riech

Inhaltsverzeichnis

1	**Allgemeiner Teil**	13
1.1	Physikalische Größe	13
	Basisgrößen und ihre Einheiten	13
	Abgeleitete SI-Größen und ihre Einheiten	14
1.2	Messen und Zählen	15
	Analoges und digitales Messen	15
	Normdarstellung	15
1.3	Prüfung der Geräte	17
	Eichung	17
	Kalibrierung	20
	Justierung	20
2	**Messtechniken**	21
2.1	Messen der Masse	21
	Physikalischer Hintergrund	21
	Masse ist träge	21
	Masse ist schwer	21
	Masse ist Energie	21
	Einheiten der Masse	23
	Waagen	23
	Wägen	28
	Empfindlichkeit der Waage	28
	Wägebereich der Waage	29
	Was muss vor dem Wägen beachtet werden?	30
	Wägen mit mechanischen Waagen	30
	Wägen mit elektronischen Waagen	30
2.2	Messen des Volumens	31
	Molekularkräfte der Flüssigkeiten	31
	Kohäsionskräfte	31
	Adhäsionskräfte	31
	Kapillarität	31
	Oberflächenspannung	31
	Dampfdruck	32
	Sättigungsdampfdruck	33

		Seite
	Das Volumen und seine Einheiten	33
	Kennzeichnung der Volumenmessgefäße	34
	Messzylinder	36
	Messkolben	37
	Messpipetten	37
	Vollpipetten	38
	Büretten	38
	Fehlermöglichkeiten	39
	Meniskusfehler	39
	Parallaxenfehler	40
	Schräghaltefehler	40
	Nachlauffehler	41
2.3	Messen der Temperatur	41
	Physikalischer Hintergrund	41
	Temperaturskalen	41
	Thermometer	42
	Flüssigkeitsthermometer	42
	Fieberthermometer	43
	Cyclotest-Thermometer	44
	Anschütz-Thermometersatz	44
	Fehlermöglichkeiten	44
	Parallaxenfehler	44
	Fadenfehler	44
	Fadenriss	44
	Verschobene Skala	44
	Nächste Messung	44
	Elektronische Thermometer	45
	Infrarotthermometer	45
	Flüssigkristallthermometer	46
	Thermofarben	46
	Eichung	46
2.4	Messen des Druckes	46
	Physikalischer Hintergrund	46
	Eigenschaften der Gase	47
	Einheiten des Druckes	48
	Normaldruck	48
	Vakuum, Unterdruck	49
	Wasserstrahlpumpe	49
	Gasbrenner	50
	Überdruck	51
	Geräte zur Druckmessung	51
	Flüssigkeitsmanometer	51
	Mechanische Manometer	52

2.5	Messen elektrischer Größen	53
	Theoretische Grundlagen	53
	Elektrischer Stromkreis	53
	Elektrische Spannung	54
	Elektrisches Feld	55
	Stromstärke	55
	Induktionsstrom	56
	Widerstand	57
	Ionenaustauscher	59
	Potentiometrische Bestimmung des pH-Wertes	60
	Chemische Grundlagen	60
	Elektrotechnische Grundlagen	60
	Elektroden	61
	Kalibrierung	65
	Umgang mit Elektroden	66
	Potentiometrische Titration	67
	Titrationsverlauf	67
	Auswertung der potentiometrischen Titrationskurve	68
3	**Geräte zur Bestimmung der physikalischen Kennzahlen des Arzneibuches**	**71**
3.1	Bestimmung der Dichte	71
	Physikalischer Hintergrund	71
	Pyknometer	73
	Hydrostatische Waage	74
	Aräometer	76
3.2	Bestimmung der Viskosität	78
	Physikalischer Hintergrund	78
	Bestimmungsmethoden	80
	Kapillarviskosimeter nach Ubbelohde	80
	Rotationsviskosimeter	82
3.3	Thermische Kennzahlen	83
	Physikalischer Hintergrund	83
	Bestimmung der Schmelztemperatur	85
	Eutektisches Gemisch	86
	Bestimmung des Klarschmelzpunktes nach der Kapillarmethode	86
	Sofortschmelzpunktmethode mit dem Schmelzblock	88
	Bestimmung des Steigschmelzpunktes	89
	Bestimmung des Tropfpunktes	90
	Tropfpunktthermometer nach Ubbelohde	90
	Bestimmung der Erstarrungstemperatur	91
	Gerät zur Bestimmung der Erstarrungstemperatur	92

	Erstarrungstemperatur am rotierenden Thermometer	93
	Bestimmung der Siedetemperatur	94
	Physikalischer Hintergrund..	94
	Hochdrucksterilisator	95
	Bestimmung der Siedetemperatur nach der »Nationalen Methode«	96
	Bestimmung der Siedetemperatur nach der »Europäischen Methode«..	98
4	**Optische Geräte**...	99
4.1	Physikalischer Hintergrund	99
	Was ist Licht?...	99
	Licht als Teilchen..	100
	Licht als elektromagnetische Welle	101
	Woher kommt das Licht?	103
	Was kann das Licht?	103
	Reflexion	103
	Refraktion	104
	Totalreflexion...	104
	Diffraktion	105
4.2	Optische Bausteine	106
	Prismen	106
	Linsen	107
	Sammellinsen	107
	Zerstreuungslinsen	107
	Strahlengang und Entstehung des Bildes mit der Sammellinse	107
4.3	Das menschliche Auge	109
	Wann muss man eine Brille oder Kontaktlinsen tragen?................	109
	Bei Kurzsichtigkeit...	109
	Bei Weitsichtigkeit	110
	Bei Alterssichtigkeit	111
4.4	Optische Geräte	111
	Projektor	111
	Lupe...	112
	Mikroskop	112
	Strahlengang des Mikroskops	114
	Refraktometer...	115
	Messprinzip und Strahlengang..	116
	Messung mit dem Abbe-Refraktometer	117

	Polarimeter	118
	Physikalischer Hintergrund	118
	Strahlengang im Nicol'schen Prisma	119
	Optische und spezifische Drehung	120
	Messung mit dem Polarimeter	120
5	**Chromatographie**	**123**
5.1	Theoretische Grundlagen	123
	Adsorptionschromatographie	124
	Verteilungschromatographie	124
5.2	Chromatographieverfahren	125
	Dünnschichtchromatographie	125
	Stationäre und mobile Phase	127
	Auswertung des Chromatogramms	128
	Hochdruckdünnschichtchromatographie (HPTLC)	129
	Flüssigchromatographie	129
	Adsorptionschromatographie	130
	Verteilungschromatographie	131
	Hochdruckflüssigchromatographie	133
	Gaschromatographie	134
	Papierchromatographie	135
5.3	Und so wird's gemacht!	135
6	**Spektroskopie**	**141**
6.1	Physikalischer Hintergrund	141
6.2	Infrarot-Spektroskopie	142
6.3	UV/Vis-Spektroskopie	145

1 Allgemeiner Teil

1.1 ■ Physikalische Größen

Basisgrößen und ihre Einheiten
»Physikalische Basisgröße« bedeutet, dass eine Eigenschaft oder ein Vorgang, der in der Natur beobachtet werden kann, zahlenmäßig erfasst wird. Im Jahr 1960 wurde das *Internationale Einheitensystem* (SI = **S**ystème **I**nternational d'Unités) beschlossen. Es wurden 7 Basisgrößen eingeführt, die festgelegte Standards (Einheiten) sind (Tab. 1.1-1).

Tab. 1.1-1: Messgrößen des Internationalen Einheitensystems

Basisgröße	Symbol	Basiseinheit
Länge	l	Meter (m)
Masse	m	Kilogramm (kg)
Zeit	t	Sekunde (s)
Elektrische Stromstärke	I	Ampere (A)
thermodynamische Temperatur	T	Kelvin (K)
Lichtstärke	I	Candela (cd)
Stoffmenge	n	Mol (mol)

Die Einheiten werden durch geeignete Geräte oder durch Prozesse bestimmt. So ist das *Meter* die Basis-Einheit der Länge. Das Standardmaß, auf das wir uns verlassen müssen, ist das »Urmeter«, ein materielles Objekt in Form einer Platin-Iridium-Schiene. Es wird bei konstanter Temperatur und konstantem Druck in Paris aufbewahrt und dient als Grundlage für die Messung aller anderen Längen.

Derzeit wollen die Physiker das »Urmeter« und auch das »Urkilogramm« auf Naturkonstanten und nicht mehr auf von Menschen gemachte Gegenstände zurückführen. In aller Welt rüsten sich Physiker für die Nachfolge des Urkilogramms, denn das Maß aller Massen verliert an Gewicht und niemand weiß, warum. Das »Meter« ist seit 1983 als die Strecke definiert, die Licht im 299 792 458sten Teil einer Sekunde zurücklegt. Über die Definition des Urkilogramms soll bis 2011 entschieden werden. Wahrscheinlich wird das »Kilogramm« gleich der Masse von n Silicium-Atomen sein; n ist dann eine Zahl mit 25 Stellen.

Die Einheit der Zeit ist die *Sekunde*. Sie wird über einen Prozess definiert, der immer auf die gleiche Weise abläuft. In den Jahrhunderten vor dem Atomzeitalter ist durch Beobachtung festgestellt worden, dass bei jeder Erdumdrehung die gleiche Zeit abläuft, nämlich 86 400 Sekunden. Da die Erde für eine Umdrehung 86 400 Sekunden braucht, ist die Einheit »Sekunde« also der 86 400ste Teil der täglichen Erdrotation. Seit 1970 ist die Sekunde genauer als das Zeitintervall definiert, in dem 9 912 631 770 Schwingungen eines Caesium-Atoms ablaufen. Das klingt absurd, ist aber sinnvoll, denn Caesium-Atomuhren gehen in 30 Millionen Jahren höchstens um nur eine Sekunde falsch. Und sie haben in Paris, Braunschweig oder auf dem Mond die gleiche Resonanzfrequenz.

Damit sind
1 Tag = 86 400 Sekunden
1 Tag = 24 Stunden
1 Stunde = 60 Minuten
1 Minute = 60 Sekunden
1 Tag = 60 × 60 × 24 = 86 400 Sekunden
1 Sekunde = 10^3 Millisekunden (ms) = 10^6 Mikrosekunden (µs)
1 Millisekunde = 10^{-3} Sekunden (s)
1 Mikrosekunde = 10^{-6} Sekunden (s)

Abgeleitete SI- Größen und ihre Einheiten
Abgeleitete SI-Größen lassen sich von den Basisgrößen her definieren. Zu ihnen zählen z.B. das Volumen = Länge × Breite × Höhe (m^3) oder
die Kraft (N) = 1 kg × m × s^{-2} (Tab. 1.1-2).

Tab. 1.1-2: Abgeleitete Größen des Internationalen Einheitensystems

abgeleitete Größe	Einheit	Bezeichnung
Kraft	N	Newton
Elektrische Spannung	V	Volt
Elektrischer Widerstand	Ω	Ohm
Druck	Pa	Pascal
Arbeit, Energie	J	Joule

Andere Einheiten, die in früheren Zeiten eingeführt worden sind und nicht zum SI-System gehören, aber weiter benutzt werden dürfen, sind z.B. das Gramm (g), das Liter (l), die Minute (min), die Stunde (h), der Tag (d), die Temperatur (°C).

1.2 ■ Messen und Zählen

Messen heißt vergleichen. Der Umfang – wie lang, wie schwer – und der Zustand – wie warm – eines Körpers oder einer Flüssigkeit werden mit festgelegten Maßeinheiten, den Standards, verglichen. Die Messung besteht aus *Zahlenbildung* und *Messwert*. Eine physikalische Größe wird gebildet aus:

Formelzeichen = Zahlenwert × Einheit
z. B.   l   = 2   × m   (Länge l = 2 m)

Analoges und digitales Messen
Ein Messverfahren ist *analog*, wenn man der Messgröße, z. B. ml (Milliliter), die Anzeige an einer Skala, die in ml eingeteilt ist, zuordnet. Bei der Messung verschiebt sich die Ablesemarke kontinuierlich der Skalenstrecke entlang. So sinkt z. B. während der Titration der Flüssigkeitsspiegel in der Bürette stetig nach unten. Der Verbrauch an Maßlösung (der Messwert) wird an der Skala abgelesen (Skalenanzeige).

Ein Messverfahren ist *digital*, wenn die Messgrößen in kleinen, fest vorgegebenen Schritten berechnet und als Ziffern in einem Display angezeigt werden (Ziffernanzeige). Uhren können die Zeit mit Ziffern, also digital, oder mit zwei Zeigern auf einem Ziffernblatt, also analog, anzeigen.

Normdarstellung
In den Naturwissenschaften hat man es sehr häufig mit sehr großen oder sehr kleinen Messzahlen zu tun. So beträgt die Entfernung der Erde zur Sonne etwa 150 000 000 000 m (= 150 Milliarden Meter). Die Größe eines Atoms dagegen ist ein winziger Bruchteil des Meters, nämlich 0,000 000 000 1 m (= 0,1 Milliardstel Meter). Da diese Schreibweisen sehr umständlich und unübersichtlich sind, werden solche großen oder kleinen Zahlenwerte vereinfacht in Zehnerpotenzen geschrieben.

Unser Zahlensystem ist als sogenanntes »Stellenwertsystem« das *Dezimalsystem*. Die einzelnen Ziffern zeigen an, wievielmal die Zehnerpotenzen in der Zahl enthalten sind.

BEISPIEL: Die Zahl 4063,1298 bedeutet:

$4 \times 10^3 + 0 \times 10^2 + 6 \times 10^1 + 3 \times 10^0 + 1 \times 10^{-1} + 2 \times 10^{-2} + 9 \times 10^{-3} + 8 \times 10^{-4}$
$= 4000 + 0 + 60 + 3 + 0,1 + 0,02 + 0,009 + 0,0008$

Jede Dezimalzahl kann leicht in *Normdarstellung*, d. h. als Produkt einer Zahl zwischen 1 und 9,99 und einer Zehnerpotenz, angegeben werden.

BEISPIELE: $5602{,}0 = 5{,}602 \times 1000 = 5{,}602 \times 10^3$ oder
$0{,}0542 = 5{,}42 : 100 = 5{,}42 \times 10^{-2}$

MERKE

Die Anzahl der Stellen, um die das Komma verschoben werden muss, steht im Exponenten der Basis 10. Befindet sich der Zahlenwert links vor dem Komma, ist der Exponent positiv, befindet er sich rechts hinter dem Komma, ist der Exponent negativ.

In der Chemie und Physik werden Zehnerpotenzen, die sich durch 3 teilen lassen, bevorzugt, weil sie den Präfixen entsprechen. Sie werden bei Taschenrechnern auch als *Technisches Format* bezeichnet.

Eine andere Möglichkeit, so riesige Zahlenfolgen vereinfacht auszudrücken ist, neue Maßeinheiten einzuführen (Tab. 1.2-1). Vergrößert man die Einheit, wird der Zahlenwert kleiner, verkleinert man die Einheit, wird der Zahlenwert größer. So sind 1 000 m = 1 km (Kilometer), 1 m = 100 cm (Zentimeter). Es darf nur ein Präfix (Vorsatzzeichen) verwendet werden.

Die Entfernung der Erde zur Sonne kann man daher auch so ausdrücken: 150 000 000 000 m = $1{,}5 \times 10^{11}$ m. Die Größe eines Atoms kann damit auch so angegeben werden: 0,000 000 000 1 m = 10^{-10} m. Ein Weinglas von 2 dl = 2×10^{-1} l = 0,2 l enthält 200 ml Wein.

Tab. 1.2-1: Darstellung sehr großer und sehr kleiner Zahlenwerte als dezimale Vielfache und Teile von Einheiten

Zehnerpotenz	Präfix	Abkürzung	Bedeutung
10^{12}	Tera-	T	billionenfach
10^9	Giga-	G	milliardenfach
10^6	Mega-	M	millionenfach
10^3	Kilo-	k	tausendfach
10^2	Hekto-	h	hundertfach
10^1	Deka-	da	zehnfach
10^{-1}	Dezi-	d	Zehntel
10^{-2}	Centi-	c	Hundertstel
10^{-3}	Milli-	m	Tausendstel

Fortsetzung nächste Seite

Zehnerpotenz	Präfix	Abkürzung	Bedeutung
10^{-6}	Mikro-	m	Millionstel
10^{-9}	Nano-	n	Milliardstel
10^{-12}	Piko-	p	Billionstel
10^{-15}	Femto	f	Tausendbillionstel
10^{-18}	Atto	a	Trillionstel

AUFGABE

Schreiben Sie folgende Zahlen jeweils in »Normdarstellung« und im »Technischen Format«:
a) 4671   b) 54,2   c) 70 000   d) 2 574 002   e) 0,6   f) 0,000 42
g) 241,51   h) 0,000 001 5   i) 0,0085   j) 0,000 000 533   k) 0,013   l) 68 435

1.3 ■ Prüfung der Geräte

Eichung
Eichen der Messgeräte bedeutet, dass die Eichbehörden nach den Eichvorschriften prüfen, ob die Messgeräte nach ihrer Beschaffenheit und ihren messtechnischen Eigenschaften den Anforderungen genügen, die an sie gestellt werden. Die Messgeräte, die diesen Test bestanden haben, erhalten einen Stempel, der besagt, dass das Gerät den Anforderungen genügt hat und innerhalb der vorgeschriebenen Gültigkeitsdauer verwendet werden darf.

EWG-Ersteichung

Eichzeichen der zuständigen Behörden

In der oberen Hälfte das EU-Länderkennzeichen (D für Deutschland) und die Ordnungszahl der jeweiligen zuständigen Behörde

Jahreszeichen

Jahr, in dem die EWG-Ersteichung durchgeführt wurde (hier 2002)

BEISPIEL

EWG-Ersteichung durch zuständige Behörden bei befristeter Gültigkeitsdauer der Eichung.
Der Hauptstempel besteht aus Eichzeichen mit Jahreszeichen.

Innerstaatliche Eichung

Eichzeichen der zuständigen Behörden

Gewundenes Band mit dem Buchstaben D, der Ordnungszahl der jeweiligen zuständigen Behörde und einem sechsstrahligen Stern. Anstelle des Sterns kann auch die jeweilige Ordnungszahl der jeweiligen prüfenden Stelle verwendet werden.

Jahreszeichen bei Messgeräten mit befristeter Gültigkeitsdauer der Eichung

Jahr, in dem die Gültigkeit der Eichung endet (hier 2008)

Jahresbezeichnung bei Messgeräten mit unbefristeter Gültigkeitsdauer der Eichung

06   Jahr, in dem die Eichung durchgeführt wurde (hier 2006)

BEISPIEL

Eichung durch zuständige Behörden bei *befristeter* Gültigkeitsdauer der Eichung. Der Hauptstempel besteht aus Eichzeichen mit Jahreszeichen.

> **BEISPIEL**
>
>  Eichung durch zuständige Behörden bei *unbefristeter* Gültigkeitsdauer der Eichung sowie bei Messgeräten zur Abgabe von Elektrizität, Gas, Wasser oder Wärme. Der Hauptstempel besteht aus Eichzeichen mit Jahresbezeichnung.

Europäische Kennzeichen (Harmonisierte Richtlinien)

CE-Kennzeichnung

 Besteht aus dem Symbol „CE" mit dem im Beschluss 93/465/EWG festgelegten Schriftbild.

Grüne Klebemarke

 Grüne quadratische Marke, die als schwarzen Aufdruck den Großbuchstaben „M" trägt. Die Marke darf nur zusammen mit der CE-Kennzeichnung an nichtselbsttätigen Waagen aufgebracht werden, die den Anforderungen der Richtlinie 90/384/EWG genügen und einem Konformitätsbewertungsverfahren unterzogen worden sind.

Metrologie-Kennzeichnung

 Besteht aus dem Buchstaben „M" und den letzten beiden Ziffern des Jahres, in dem die Kennzeichnung angebracht wurde. Darf nur zusammen mit der CE-Kennzeichnung an Geräten der Richtlinie 2004/22/EG aufgebracht werden, die den Anforderungen dieser Richtlinie genügen und einem Konformitätsbewertungsverfahren unterzogen worden sind.

Kennnummer der benannten Stelle

0103 Von der Kommission zugeteilte Kennnummer der benannten Stelle, wenn eine solche Stelle gemäß Konformitätsbewertungsverfahren vorgeschrieben ist.

> **BEISPIEL**
>
>

Messgeräte, die in der Apotheke zur Herstellung und Prüfung der Arzneimittel verwandt werden, müssen geeicht werden. So müssen alle Geräte, die im Arzneibuch zur Bestimmung physikalischer Kennzahlen und des Gehalts vorgeschrieben sind, geeicht sein. In der Eichordnung ist festgelegt, ob die Eichung unbefristet gültig ist oder ob innerhalb einer bestimmten Frist nachgeeicht werden muss. Messgeräte zur Bestimmung der Dichte, z. B. Pyknometer oder Aräometer, oder des Volumens, z. B. Messkolben, Büretten, Pipetten, werden vom Hersteller erstgeeicht und dann nicht wieder. Dagegen ist die Eichgültigkeit der Waagen, Gewichtsstücke, Blutdruckmessgeräte oder Flüssigkeitsthermometer befristet und liegt zwischen 2 bis 4 und 15 (Anschütz-Thermometer) Jahren. Die Geräte werden von Vertretern des zuständigen Eichamtes mit sogenannten Normalgewichten verglichen oder mit vorgeschriebenen Verfahren geprüft, denen sie entsprechen müssen. Die geeichten Geräte werden mit einer Eichbescheinigung oder Eichplakette versehen, den Gewichtsstücken wird ein Eichstempel eingeschlagen.

Kalibrierung

Kalibrieren (Einmessen) bedeutet in der Messtechnik festzustellen, wie weit die Anzeige eines Messgerätes vom richtig geltenden Wert der Messgröße abweicht. Beim Kalibrieren wird das Messgerät technisch nicht verändert. Die Kalibrierung ist nur im Augenblick ihrer Durchführung gültig.

MERKE

Kalibrieren heißt, den »Istwert« des Messgerätes ermitteln.

Justierung

Beim Justieren (Abgleichen) wird das Messgerät technisch verändert, um eine evtl. Abweichung dem Sollwert anzunähern, und zwar so, dass die Messabweichungen möglichst klein werden oder dass die Beträge der Messabweichungen die Fehlergrenzen nicht überschreiten. So wird z. B. die Stellschraube benutzt, um eine Waage in die richtige Position (in Nullstellung) zu bringen.

MERKE

Justieren heißt, die Abweichung vom »Sollwert« des Messgerätes korrigieren.

2 Messtechniken

2.1 ■ Messen der Masse

Physikalischer Hintergrund
Jeder Körper hat eine bestimmte Masse (m). Sie ergibt sich durch die Art und die Anzahl der Atome, aus denen er besteht. Masse ist ortsunabhängig und hat drei Eigenschaften:

Masse ist träge
Körper sind wegen ihrer Masse träge, weil sie, wenn sie ruhen, in Ruhe bleiben wollen, und, wenn sie sich in eine Richtung bewegen, in dieser Bewegung bleiben wollen. Wir wissen, je größer die Masse eines Körpers, um so schwieriger lässt er sich in Bewegung setzen. Ist er aber einmal in Bewegung gebracht worden, lässt er sich nur schwer stoppen.

Masse ist schwer
Da sich Masseteilchen gegenseitig anziehen und die Erde aus ungeheuer vielen Masseteilchen besteht, immerhin wiegt sie $5,974 \times 10^{24}$ kg, übt sie eine Anziehung in Richtung Erdmittelpunkt aus, die man als Schwerkraft bezeichnet. Diese Schwerkraft nimmt mit zunehmender Entfernung vom Erdmittelpunkt ab, ist also ortsabhängig. So ist sie am Äquator etwas geringer als an den Polen. Die Erdanziehung macht die Körper schwer. Die Kraft, mit der sie wegen ihrer Schwere auf ihre Unterlage drücken oder, wenn sie aufgehängt sind, ziehen, nennt man *Gewichtskraft*, deren Einheit das Newton[1] (N) ist. So drückt ein Körper mit der Masse 1 kg mit der Gewichtskraft von etwa 10 N auf die Fläche, auf der er liegt. Und diese Gewichtskraft muss überwunden werden, um einen Körper von der Erde aufzuheben.

Masse ist Energie
Am 6. August 1945 wurde auf Befehl des amerikanischen Präsidenten Harry S. Truman die erste Atombombe über der japanischen Stadt Hiroshima abgeworfen. Ein Lichtblitz von ungeheurer Helligkeit ließ jeden erblinden, der gerade in diese Richtung geblickt hatte. In den ersten Minuten starben 70 000 Menschen und mindestens

---

[1] Isaac Newton (1643 – 1727), englischer Physiker und Mathematiker.

doppelt so viele folgten ihnen in den nächsten Monaten und Jahren auf sehr qualvolle Weise in den Tod. Bis heute leiden und sterben noch viele Menschen an den Spätfolgen.

In dem Augenblick, als die Bombe gezündet wurde, verminderten sich 10 kg Uran um ein Zehntausendstel (= 1 g) seiner Masse, das sich in diese gewaltige zerstörerische Energiemenge umwandelte. Die Stadt Hiroshima hatte aufgehört zu existieren. Damit wurde die Behauptung des großen Physikers Albert Einstein[2] bewiesen, dass Masse grundsätzlich nichts anderes sei als eine besondere Zustandsform der Energie, »geronnene Energie«, wie die Physiker diesen Zustand anschaulich beschreiben.

Energie wird als abstrakte Größe eines Systems definiert, die sich nicht ändert, also immer konstant bleibt. Dies bedeutet nach einem allgemeingültigen und grundlegenden Naturgesetz, dass Energie weder gewonnen noch verloren gehen, sondern lediglich von einer Energieform in eine andere umgewandelt werden kann (Energieerhaltungssatz). Somit müssen die Energiebeträge in den verschiedenen Erscheinungsformen einander äquivalent (gleichwertig) sein.

Die Energieformen, die sich wechselseitig ineinander umwandeln lassen, sind z. B. kinetische Energie (Energie der Bewegung), potenzielle Energie (Energie der Lage), elektrische Energie, Wärmeenergie, chemische Energie, Kernenergie.

Nehmen wir beispielsweise einmal an, ein Körper mit einer definierten Masse liegt auf einer Unterlage in 1 m Höhe, dann ist in ihm potenzielle Energie enthalten, die sich, wenn er herunterfällt, in kinetische Energie und dann in Wärmeenergie umwandelt, wenn er auf dem Boden aufprallt und sich dabei verformt.

Die Möglichkeit, Energien ineinander umzuwandeln, nutzen wir ganz gezielt: Kohle oder Öl werden verheizt, um elektrischen Strom zu erzeugen, der dann wieder in Wärme oder Licht oder in die Bewegungsenergie einer Waschmaschine umgewandelt wird.

$$\text{Energie ist Masse mal Lichtgeschwindigkeit zum Quadrat}$$
$$E = m \times c^2$$

Diese berühmte Formel ist inzwischen zum Markenzeichen des genialen Physikers Einstein geworden; »E« steht für Energie, »m« für Masse und »c« für die Lichtgeschwindigkeit von etwa 300 000 km pro Sekunde. Dies bedeutet, dass sich Masse mit dem gewaltigen Faktor c^2, also dem Quadrat der Lichtgeschwindigkeit, in Energie umsetzen lässt. Dieser Faktor ist so ungeheuer groß, dass nur eine winzige Menge Materie, z. B. einige Atome, genügen würden, ganze Städte für lange Zeit mit Ener-

---
2) Albert Einstein (1879 – 1955), deutscher Physiker, Nobelpreis 1921.

gie zu versorgen oder sie sogar ganz auszulöschen. In jedem Gramm Masse steckt also ein gewaltiger Energiebetrag, dessen Nutzung aus technischen Gründen bisher nicht gelungen ist.

Einheiten der Masse

Die Einheit der Masse ist das Kilogramm. Es ist die einzige SI-Einheit, die auch heute noch, wie vor 200 Jahren, durch einen Prototyp-Körper dargestellt wird. Tabelle 2.1-1 gibt die von einem Kilogramm abgeleiteten und außerdem die noch gebräuchlichen Einheiten der Masse an.

Tab. 2.1-1: Vom Kilogramm abgeleitete Einheiten der Masse

1 Tonne	t	1000	kg		
1 Gramm	g	10^{-3}	kg	(= 1	g)
1 Milligramm	mg	10^{-6}	kg	(= 10^{-3}	g)
1 Mikrogramm	µg	10^{-9}	kg	(= 10^{-6} g oder 10^{-3} mg)	
1 Pikogramm	pg	10^{-12}	kg	(= 10^{-9} g oder 10^{-6} mg)	

Alte Bezeichnungen

1 Pfund	Pfd.	0,5	kg
1 Zentner	Ztr.	50	kg
1 Doppelzentner	dz	100	kg

Waagen

Massen werden mit Waagen bestimmt. Wenn wir wissen wollen, wie viel ein Körper wiegt, so legen wir ihn auf eine Waage und wiegen ihn aus. Wie das funktioniert, hängt von der Konstruktion der Waage ab. In jedem Falle wird das Gewicht (= Gewichtskraft m × g[3]) des Wägeguts entweder mechanisch durch Gegengewichte oder durch elektromagnetische Kräfte kompensiert (Tab. 2.1-2).

Tab. 2.1-2: Waagentypen

Mechanische Kompensation	Elektromagnetische Kompensation
Federwaagen	Moderne Analysenwaagen
Gleicharmige Hebelwaagen Handwaagen Balkenwaagen	Moderne Rezepturwaagen
Ungleicharmige Hebelwaagen Substitutionswaagen Mohr-Westphal'sche Waage	

---

3) Hier: g = Erdbeschleunigung

Das Messprinzip der Hebelwaagen beruht auf dem Vergleich von Massen: Bei einer Wägung wird demnach die zu wägende Masse mit der Masse eines Gewichtsstücks verglichen. Jeder starre Körper, der sich um eine Achse dreht, wird in der Physik »Hebel« genannt. Somit ist auch die Balkenwaage ein Hebel. Der Hcbcl ist der Waagbalken, der sich auf der Waagensäule bewegt (Abb. 2.1-1). Ein Hebel kann aber nur dann als Waage eingesetzt werden, wenn er sich im stabilen Gleichgewicht befindet. Das bedeutet, der Drehpunkt des Balkens, also der Punkt, durch den die Drehachse läuft, liegt über dem Schwerpunkt, dem Massenmittelpunkt, des Balkens (Abb. 2.1-2). Denn nur dann kehrt der Balken nach leichtem Anstoß wieder in seine Ausgangsposition zurück.

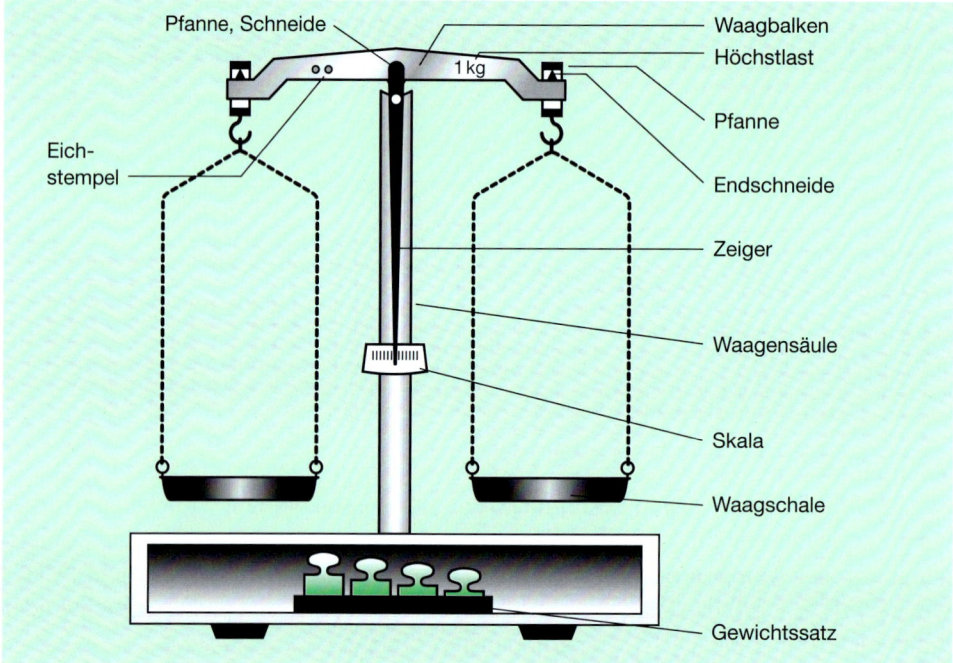

Abb. 2.1-1: Balkenwaage

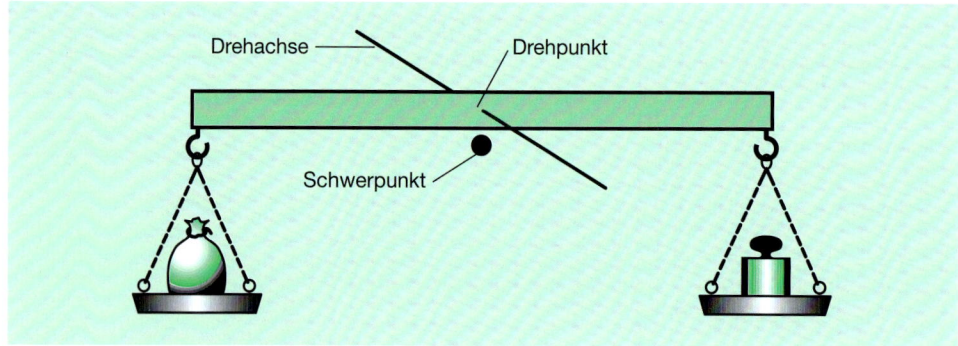

Abb. 2.1-2: Waagbalken als Hebel

2 Messtechniken

Der Balken der Waage ist ein gleicharmiger Hebel: Die Strecken vom Ansatzpunkt der Last bzw. der Kraft bis zum Drehpunkt sind gleich lang. Und der Hebel ist im Gleichgewicht, wenn die Massen von Last und Kraft gleich groß sind (Abb. 2.1-3). Denn eine Hebelwaage funktioniert nach dem Hebelgesetz:

Last (L) × Lastarm (l_1) = Kraft (K) × Kraftarm (l_2)
(gemessen in Newton = N) (gemessen in Meter = m) (gemessen in Newton = N) (gemessen in Meter = m)

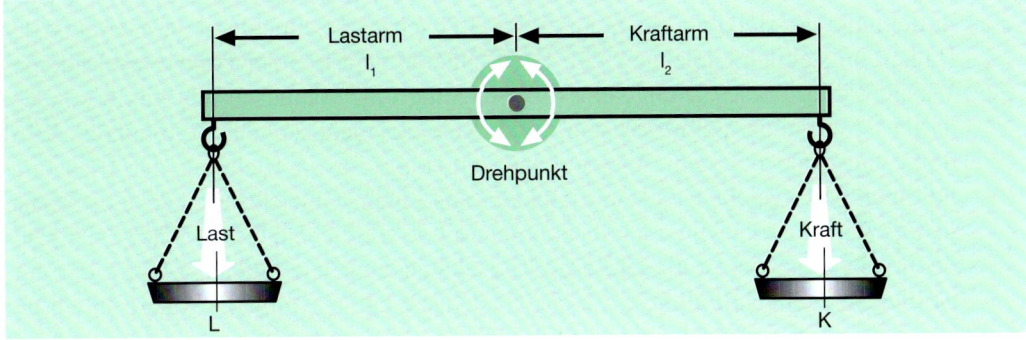

Abb. 2.1-3: Balkenwaage mit gleicharmigem Hebel

AUFGABEN

1. In welchem Punkt muss der Körper K aufgehängt werden, damit am Hebel Gleichgewicht herrscht (Abb. 2.1-4) ?
2. Wie groß muss die Gewichtskraft (F) an dem Hebel sein, damit Gleichgewicht herrscht (Abb. 2.1-5): 350 N, 250 N, 150 N, 50 N, 25 N ?

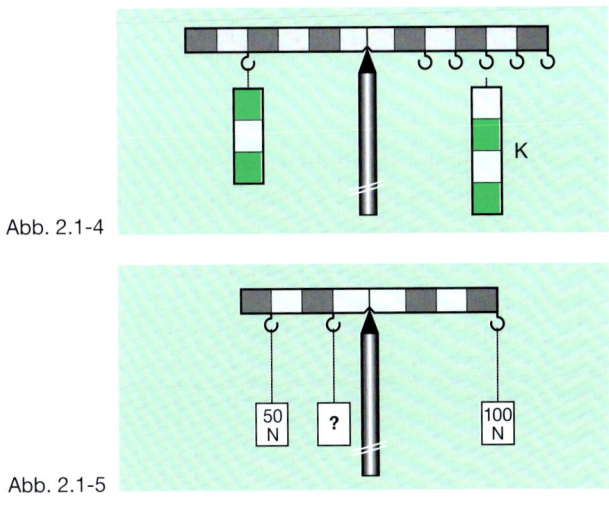

Abb. 2.1-4

Abb. 2.1-5

Wir unterscheiden:
a) Gleicharmige Hebelwaagen, wie z. B. Handwaagen, früher gebräuchliche Rezeptur- und Analysenwaagen

Die Rezepturwaage besteht aus einem Waagbalken mit drei Schneiden, zwei Waagschalen, die an den Enden des Balkens aufgehängt sind, einer Skala mit Nullpunkt in der Mitte, über der ein Zeiger schwingt, und schließlich aus einer Arretiervorrichtung, um den Waagbalken zur Schonung der Schneiden festsetzen zu können (Abb. 2.1-1). Die Waage ist so konstruiert, dass der Schwerpunkt, also der Massenmittelpunkt des Balkens, knapp unter der Drehachse (= Schneide) liegt. Damit ist der Balken im stabilen Gleichgewicht. Die Schneide liegt in einer Pfanne am Ende der Waagensäule. Dieses Drehgelenk aus Schneide und Pfanne besteht aus besonders harten Materialien, damit sie sich durch Reibung nicht zu schnell abnutzen. Wird die Waagschale mit dem Wägegut belastet, kippt sie in Richtung der Belastung herunter. Mit geeichten Gewichtsstücken aus einem Gewichtssatz, der zur Waage gehört, wird das Gewicht der unbekannten Masse verglichen, bis die Waage sich wieder im Gleichgewicht befindet. Ihre Waagschalen hängen auf gleicher Höhe, der Zeiger liegt auf dem Nullpunkt der Skala. Nach der Wägung, wenn die Waage unbelastet ist, schwingen die Schalen frei und die Waage muss arretiert bzw. einseitig belastet werden.

Für Wägungen mit der Analysenwaage wird bisweilen noch ein besonderer Gewichtssatz verwendet, dessen Gewichtsstücke mit weniger als 1 g an ihrer Form unterschieden werden können. So sind 1-, 10- und 100-mg-Gewichte dreieckig, 2-, 20- und 200-mg-Gewichte viereckig sowie 5-, 50- und 500-mg-Gewichte fünfeckig. Die vierte Stelle hinter dem Komma wird mit einem Reiter ermittelt, der auf dem Waagbalken hin- und hergeschoben werden kann. Alle Gewichtsstücke dürfen nur mit einer Pinzette, nie mit den Fingern angefasst werden.

b) Ungleicharmige Hebelwaagen sind z.B. Substitutionswaagen, wie die neueren Rezeptur- und Analysenwaagen

Bei der Substitutionswaage hängen das Wägegut und die Gewichtsstücke am gleichen Hebel (Abb. 2.1-6). Durch ein konstantes Gegengewicht, das am anderen Hebelende angebracht ist, wird die Waage im Gleichgewicht gehalten. Beim Wägen werden die Gewichtsstücke, die dem aufgelegten Wägegut entsprechen, abgehoben und so die Waage wieder ins Gleichgewicht gebracht. Das Wägegut ersetzt (= substituiert) die Gewichtsstücke.

2 Messtechniken

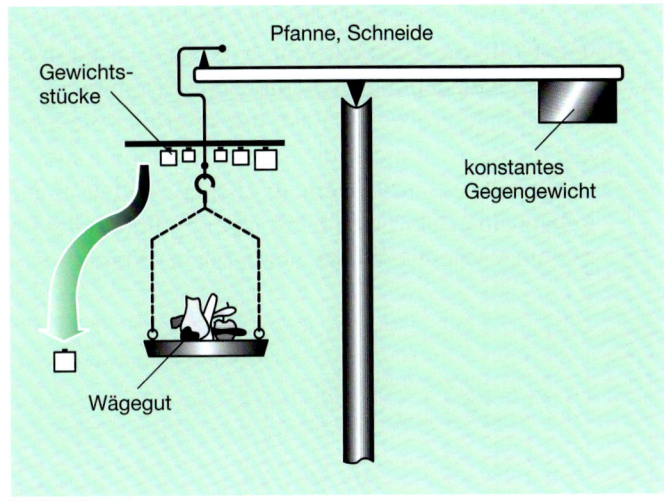

Abb. 2.1-6:
Substitutionswaage

c) Elektronische Waagen
Die modernen, selbsteinspielenden automatischen Waagen sind elektronische Waagen. Bei diesem Wägesystem wird das Gewicht des Wägegutes in eine elektrische Größe, z. B. in Spannung, umgesetzt. Prinzipiell funktioniert eine elektronische Waage folgendermaßen (Abb. 2.1-7):

Die Waagschale ist mit einem Eisenmagneten fest verbunden, der mit einer Spule umwickelt somit ein Elektromagnet ist. Wird nun die Last auf die Waagschale gelegt, so senkt sich diese mit dem Eisenmagneten. Die Abwärtsbewegung erzeugt eine schwache Induktionsspannung, die wiederum einen Induktionsstrom liefert

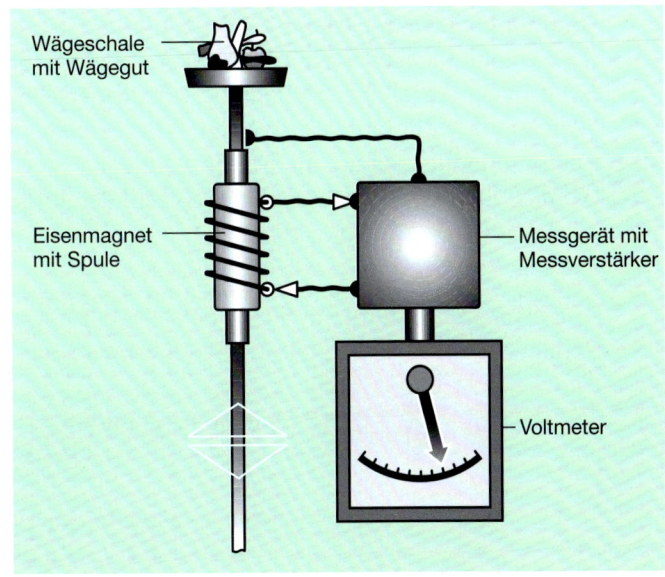

Abb. 2.1-7:
Schematische Darstellung
eines elektronischen
Wägesystems

(s. Seite 54). Anschließend wird der Strom verstärkt und gelangt wieder in die Spule. Die Kraft, die dabei entsteht, hebt den Eisenkern wieder in seine ursprüngliche Position (= Nullstellung). Die fließende Strommenge ist der aufgelegten Last proportional, d. h. je größer die Last, um so größer die Strommenge. Der analoge Messwert, der über ein Voltmeter die Stärke der Induktionsspannung beschreibt, wird in Gramm umgerechnet und auf einem Display digital angezeigt. Da die Last auf der Waagschale eine elektrische Kraft erzeugt, findet hier im Gegensatz zu den anderen Waagen kein Massevergleich, sondern ein »Masse – Kraft – Vergleich« statt (Abb. 2.1-8).

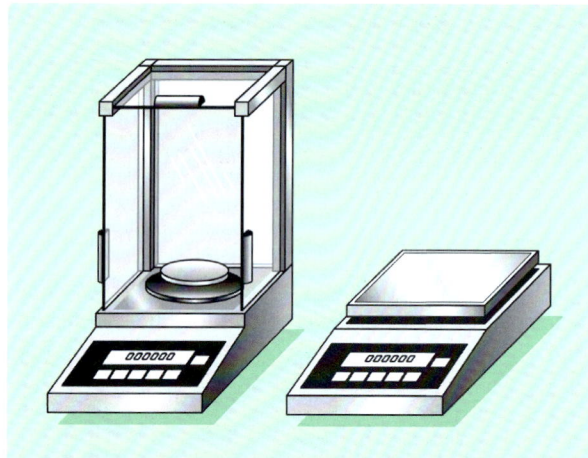

Abb. 2.1-8:
Elektronische Waagen

Wägen

Empfindlichkeit der Waage
Die Empfindlichkeit einer Waage ist ein Maß für ihre Leistungsfähigkeit. Sie ist definiert als die Anzahl der Skalenteile, um die der Zeiger bei Belastung der einen Waagschale pro Milligramm ausschlägt. Mit zunehmender Belastung der Waage nimmt die Empfindlichkeit ab. Sie ist der Quotient aus den Skalenteilen, um die der Zeiger vom Nullpunkt abweicht, und der Anzahl der aufgelegten Milligramm.

BEISPIEL

Eine Waagschale wird mit 50 mg belastet, der Zeiger weicht um 0,9 Skalenteile vom Nullpunkt ab.

$$E = \frac{0{,}9}{50} = 0{,}018 \text{ Skalenteile je mg} \qquad E = \text{Empfindlichkeit}$$

2 Messtechniken

Wägebereich der Waage

Jede Waage ist durch ihren Wägebereich gekennzeichnet. Er gibt an, bei welcher geringsten Menge Wägegut der Zeiger noch reagiert oder sich die Skala bewegt, sodass die Masse abgelesen werden kann (ablesbare Mindestlast) und bei welcher Menge Wägegut noch gewogen werden kann (Höchstlast), »ohne dass sich die Waagbalken biegen«. Nach internationalen Vereinbarungen werden die Waagen nach ihrer Wägegenauigkeit eingestuft, das ist das Verhältnis von Höchstlast zu Ablesegenauigkeit. Der Wägebereich ist auf den Waagbalken oder den Kennzeichnungsschildern der Waagen angegeben (Abb. 2.1-9). Es ist ein Kunstfehler, der zu ungenauen Wägungen führt, wenn mit einer Waage außerhalb ihres Wägebereichs gewogen wird.

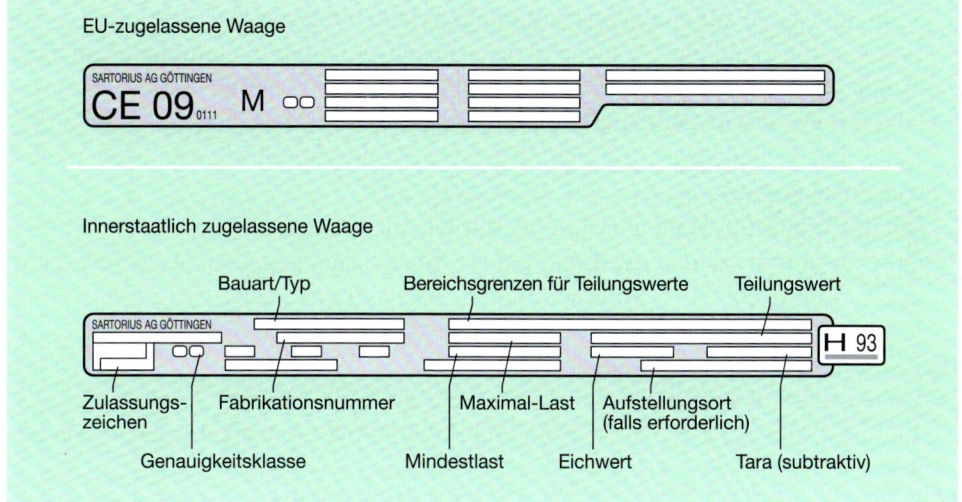

Abb. 2.1-9: Beispiele für Kennzeichnungsschilder beim Hersteller geeichter Waagen

Hinsichtlich ihres Wägebereichs unterscheiden wir:

- Präzisionswaagen
  Die Rezepturwaagen in der Apotheke sind Präzisionswaagen. Sie haben die Genauigkeitsklasse II mit einem Wägebereich von 1 bis 2000 g und einer Ablesegenauigkeit von 1 bis 100 mg.

- Analytische Waagen
  Analysenwaagen, die im Apothekenlaboratorium verwandt werden, haben die Genauigkeitsklasse I. Ihre Höchstlast beträgt 200 g mit einer Ablesegenauigkeit < 1 mg.

- Handelswaagen
  Soweit Handelswaagen in der Apotheke vorhanden sind, werden sie meist als Defekturwaagen verwandt. Ihre Höchstlast beträgt mehr als 100 g mit einer Ablesegenauigkeit von 0,1 bis 5 g.

Was muss vor dem Wägen beachtet werden?

1. Wie groß ist die Einwaage?
2. Welche Waage eignet sich für diese Menge?
   Denn die Eignung einer Waage hängt von ihrer Empfindlichkeit ab. Darunter versteht man diejenige Höchstlast in Milligramm, bei der der Zeiger noch ausschlägt. Außerdem hängt sie von ihrer Genauigkeit ab, d. h. stimmt die Anzeige der Waage mit dem tatsächlichen Gewicht des Wägegutes überein und wie exakt ist der kleinste Gewichtsunterschied an der Waage abzulesen (Ablesegenauigkeit).
3. Wie ist die Substanz beschaffen, die eingewogen werden soll: chemisch aggressiv, hygroskopisch?
4. Steht die Waage horizontal, ist sie richtig justiert?
5. Steht die Waage auf einem erschütterungsfreien Untergrund?
   Waagen sollten auf einer schweren, mechanisch gedämpften Steinplatte und nicht in der Nähe von Heizungen stehen. Analysenwaagen befinden sich in einem Glaskasten, der vor Staub und Luftzug schützt. Die Seitenwände und die Vorderwand sind Schiebetüren, die sich öffnen lassen, um die Substanzen bequem einwiegen zu können.
6. Hat das Wägegut die gleiche Temperatur wie die Waage?
7. Die Substanzen werden nie direkt auf die Waagschale gegeben. Dazu verwendet man z. B. Kartenblätter, Wägeschiffchen, Wägegläschen usw.

Wägen mit mechanischen Waagen

1. Waage auf Null stellen.
2. Tara des Kartenblattes etc. ablesen und notieren oder entsprechendes Gegengewicht auflegen.
3. Substanz auflegen.
4. Wenn die Skala nicht mehr schwingt, ablesen.
5. Arretieren oder ausschalten.
6. Kartenblatt mit der Substanz abnehmen.
7. Tara des Kartenblattes etc. von dem gemessenen Wert abziehen, sofern nicht ein entsprechendes Gegengewicht aufgelegt worden ist.

Wägen mit elektronischen Waagen

Weil diese Waagen so einfach bedient werden können und alle Bedingungen einer Qualitätswaage erfüllen, haben sie die mechanischen Waagen fast vollständig verdrängt. Nullstellung und Tara erfolgen durch Tastendruck. Während der Wägung werden bei Analysenwaagen die Schiebetüren geschlossen. Die Gewichtsanzeige der neuesten Waagen ist digital. Nach dem Wägen wird die Waage auf »stand by« gestellt, sollten noch weitere Wägungen durchgeführt werden.

2.2 ■ Messen des Volumens

Molekularkräfte der Flüssigkeiten

Kohäsionskräfte
Die Teilchen eines Stoffes ziehen sich gegenseitig an. Kräfte, die dabei wirken, werden Kohäsionskräfte genannt. Es handelt sich dabei um Wechselwirkungen zwischen den Molekülen des gleichen Materials. Die Kohäsionskräfte sind bei festen Körpern am größten, da die Moleküle eng aneinander gepackt sind. Möchte man einen Stoff zerteilen, ihn schneiden oder reißen, dann müssen die Kohäsionskräfte seiner Moleküle überwunden werden. Die Moleküle einer Flüssigkeit dagegen berühren sich zwar auch, haften aber mit geringeren Kohäsionskräften aneinander. Daher lassen sie sich gegeneinander verschieben, aber im Gegensatz zu den Gasen nicht zusammenpressen. Die Gasmoleküle wiederum bewegen sich frei im Raum. Da sie zu weit voneinander entfernt sind, bleiben ihre Kohäsionskräfte so gut wie ohne Wirkung.

Adhäsionskräfte
Anziehungskräfte zwischen den Teilchen unterschiedlicher Materialien nennt man Adhäsionskräfte. Ihre Wirkung kann man feststellen, wenn z. B. zwei verschiedene Stoffe aneinander haften oder eine Flüssigkeit eine Fläche benetzt. Die Adhäsionskräfte werden beim Kleben oder bei Beschichtung, wie z. B. der Lackierung von Flächen, genutzt.

Kapillarität
In engen Röhren (Kapillaren) steigt eine benetzende Flüssigkeit entgegen der Schwerkraft hoch, weil die Adhäsionskräfte zwischen den Molekülen der Glaswand und der Flüssigkeit größer sind als die Kohäsionskräfte der Moleküle innerhalb der Flüssigkeit. Wegen dieser Kapillarwirkung werden Flüssigkeiten von Schwämmen, Dochten oder Löschpapier aufgesogen. Umgekehrt sinkt eine nicht benetzende Flüssigkeit in einer Kapillare ab, weil die Kohäsionskräfte der Moleküle innerhalb der Flüssigkeit überwiegen.

Oberflächenspannung
Die Kohäsionskräfte in einer Flüssigkeit wirken nach allen Seiten. An der Flüssigkeitsoberfläche, also der Grenzschicht zwischen Flüssigkeit und Luft, wirkt auf die Moleküle eine Kraft, die nach innen gerichtet ist (Abb. 2.2-1). Aus dem Sog nach innen ergibt sich ein Spannungszustand, den man als Oberflächenspannung bezeichnet und der in Nm (Newtonmeter) gemessen wird. Die Gesamtoberfläche wirkt wie eine Membran. Die Oberflächenspannung kann bei einem Insekt, das auf Wasser laufen kann, direkt beobachtet werden. Sein Gewicht ist so gering, dass es nicht untergehen kann. Die Kräfte der Oberflächenspannung können durch sein Gewicht nicht überwunden werden. Auch eine Rasierklinge bleibt auf einer glatten Wasseroberfläche liegen. Wird die Oberfläche zerstört, geht sie unter.

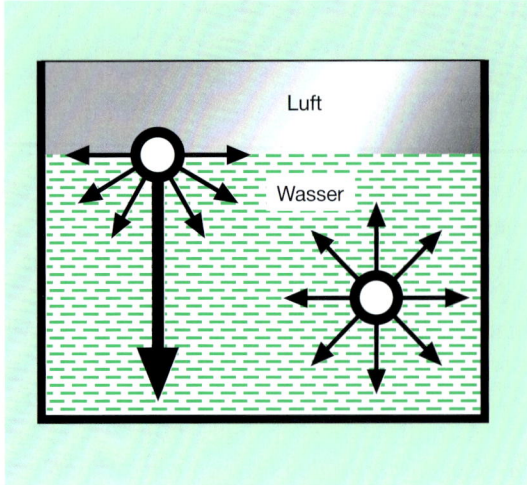

Abb. 2.2-1:
Kohäsionskräfte in einer Flüssigkeit

Die Oberflächenspannung ist temperaturabhängig. Am Gefrierpunkt ist sie am größten, mit zunehmender Temperatur wird sie kleiner. Oberflächenaktive Substanzen, z. B. Seife oder Tenside, verringern die Oberflächenspannung. Wir kennen das bei der Reinigung des Geschirrs. In das Abwaschwasser wird ein Spülmittel gegeben, um die Oberflächenspannung herabzusetzen, damit Essensreste, Teller und Tassen vom Wasser besser benetzt werden können.

Wenn zusätzliche Adhäsionskräfte, z. B. der Moleküle eines Gefäßes, nicht vorhanden sind, nehmen Flüssigkeiten unter dem Einfluss der Oberflächenspannung die energetisch günstigste Form an, d. h. die Flüssigkeit formt sich zu einer Kugel und anschließend durch die Wirkung der Schwerkraft zu einem Tropfen.

Viele Arzneimittel werden als Tropfen verabreicht. Die Anzahl der Tropfen, die in 1 g Flüssigkeit enthalten sind, kann man auch als Maß für die Oberflächenspannung ansehen. Je höher die Tropfenzahl, desto geringer die Oberflächenspannung. Mit dem Normaltropfenzähler des Arzneibuches erhält man aus 1 g Wasser bei 20 °C und einer Tropfgeschwindigkeit von 1 Tropfen pro Sekunde 20 Tropfen. Ätherische Öle und alkoholische Flüssigkeiten liefern aus 1 g etwa 40 bis 80 Tropfen. Ihre Oberflächenspannung ist also geringer als die des Wassers.

Dampfdruck
Jeder Körper hat einen Dampfdruck, auch ein fester, z. B. ein Schreibtisch, nur dass sein Dampfdruck ungeheuer klein ist, sodass er nicht bemerkt wird. Man kann sich dieses Phänomen am besten an einer Flüssigkeit vorstellen, auf deren Oberfläche der Luftdruck lastet. In ihrem Inneren sind die Moleküle unaufhörlich in Bewegung, und zwar um so mehr, je mehr Energie, z. B. durch Erwärmung, in die Flüssigkeit hineingesteckt wird. Die Moleküle werden in der Flüssigkeit gehalten, da sie sich auch gegenseitig anziehen. Nur an der Oberfläche gibt es einige, deren Energieinhalt und

damit Bewegungsenergie so groß ist, dass sie die Kohäsionskräfte ihrer Nachbarmoleküle und den auf der Oberfläche lastenden Luftdruck überwinden können. Die Folge: Diese Flüssigkeitsmoleküle verlassen die Flüssigkeit und verteilen sich in dem darüber liegenden Raum. Man sagt, die Flüssigkeit hat einen Dampfdruck. Der Energieinhalt der Moleküle führt, selbst wenn er sehr klein ist, schließlich zur vollständigen Verdunstung der Flüssigkeit. Dabei wird die Energie, die in den Flüssigkeitsmolekülen steckt, als »Verdunstungswärme« abgegeben.

Sättigungsdampfdruck
Verdampft eine Flüssigkeit in einem geschlossenen Raum, so bewegen sich die aus der Flüssigkeit ausgetretenen Dampfmoleküle regellos hin und her. Je mehr Flüssigkeitsmoleküle in Dampf übergegangen sind, desto größer ist die Wahrscheinlichkeit, dass sie auf die Flüssigkeitsoberfläche treffen und von ihr wieder eingefangen werden. Es stellt sich ein dynamisches Gleichgewicht ein zwischen der Zahl der aus der Flüssigkeit ausgetretenen und der Zahl der eingefangenen Moleküle. Den Dampfdruck, den die Flüssigkeit dann hat, bezeichnet man als Sättigungsdampfdruck. Er ist abhängig von der Temperatur: Je höher die Temperatur, desto höher ist auch der Sättigungsdampfdruck.

MERKE

Der Sättigungsdampfdruck ist der maximale Dampfdruck, den eine Flüssigkeit bei einer definierten Temperatur hat.

Das Volumen und seine Einheiten
Unter dem Begriff »Körper« verstehen die Physiker nicht nur den menschlichen oder tierischen Leib, sondern alle Dinge, die einen bestimmten Raum einnehmen. Der Rauminhalt eines Stoffes ist sein Volumen (V), sei er fest, flüssig oder gasförmig. Um das Volumen eines unregelmäßig geformten Körpers zu bestimmen, misst man das Volumen des Wassers, das er beim Eintauchen verdrängt. In solchen Fällen gehört zur Angabe des Volumens auch die Angabe der Temperatur, bei der gemessen wird. Denn Volumina sind temperaturabhängig. So dehnt sich das Volumen eines Stoffes aus, wenn er erwärmt wird, und zieht sich zusammen, wenn er abgekühlt wird.

Das Volumen ist eine abgeleitete Größe der Länge (= SI-Basisgröße) (Tab. 2.2-1). Es berechnet sich aus Länge × Breite × Höhe eines Quaders, gemessen z. B. in cm: $V = l \times b \times h$. So hat 1 Liter das Volumen eines Würfels mit der Kantenlänge 1 dm (Dezimeter): 10 cm × 10 cm × 10 cm = 1 dm^3 (Kubikdezimeter) (Abb. 2.2-2).

Tab. 2.2-1: Volumeneinheiten

1000 Liter		1	m³		
100 Liter	hl	0,1	m³		
1 Liter	l	10^{-3}	m³	(= 1	dm³ = 1000 cm³)
1 Kubikdezimeter	dm³	1000	cm³	(= 10^6	mm³)
1 Kubikzentimeter	cm³	1000	mm³	(= 10^3	µl)
1 Milliliter	ml	10^{-3}	l	(= 1	cm³)
1 Mikroliter	ml	10^{-6}	l	(= 1	mm³)

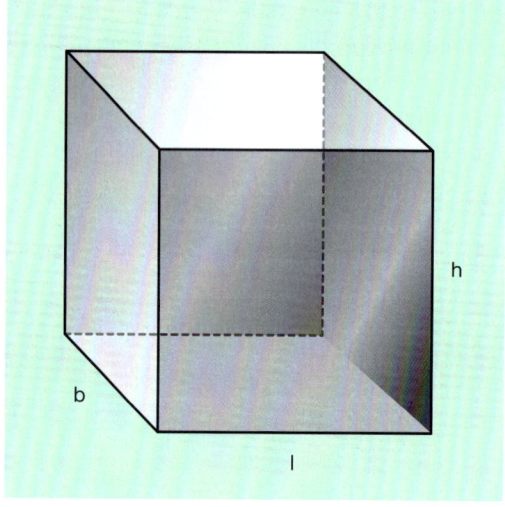

Abb. 2.2-2: Quader

AUFGABEN

1. Wie viele Kubikmillimeter hat ein Kubikmeter?
2. Schreiben Sie ein Kubikdezimeter und ein Kubikzentimeter in der Normdarstellung.

Kennzeichnung der Volumenmessgefäße

Genaue Messungen sind nur möglich, wenn die Eichbedingungen definiert sind. Abbildung 2.2-3 zeigt einige Gefäße, deren Angaben, bezogen auf Wasser als Testflüssigkeit, in das Glas eingeätzt sind. Dabei geben die Buchstaben die »Qualitätsklasse« an.

A

Dieser Buchstabe sagt aus, dass der Volumenmesswert weniger als 0,2 % von dem angegebenen Volumen abweicht. Die Gefäße sind geeicht und werden in der Analytik verwendet.

AS
Diese Qualitätsklasse entspricht der A-Klasse, die Messgeräte laufen allerdings schneller aus. Achtung: Die angegebene Wartezeit muss eingehalten werden, z. B. bei der Angabe »Ex 15s«: 15 Sekunden.

B
In der B-Klasse darf der Volumenmesswert weniger als 2 % von dem angegebenen Volumen abweichen. Die Gefäße sind nicht geeicht.

Ex
Das Messgefäß, meist sind es Pipetten, ist auf Auslauf eingestellt. Es enthält etwas mehr Flüssigkeit als das angegebene Volumen. Dieses »Mehr« verbleibt nach dem Auslauf im Gefäß und ist bei der Abmessung einkalkuliert. Die Pipette darf nicht ausgepustet werden.

In
Das Gefäß ist auf Einlauf eingestellt. Nach dem Ausgießen verbleibt wegen der Adhäsionskräfte zwischen Glaswand und Flüssigkeit immer noch etwas Flüssigkeit im Gefäß. Dieses »Mehr« ist nicht bei der Abmessung einkalkuliert, d. h. die abgemessene Menge ist nicht genau.

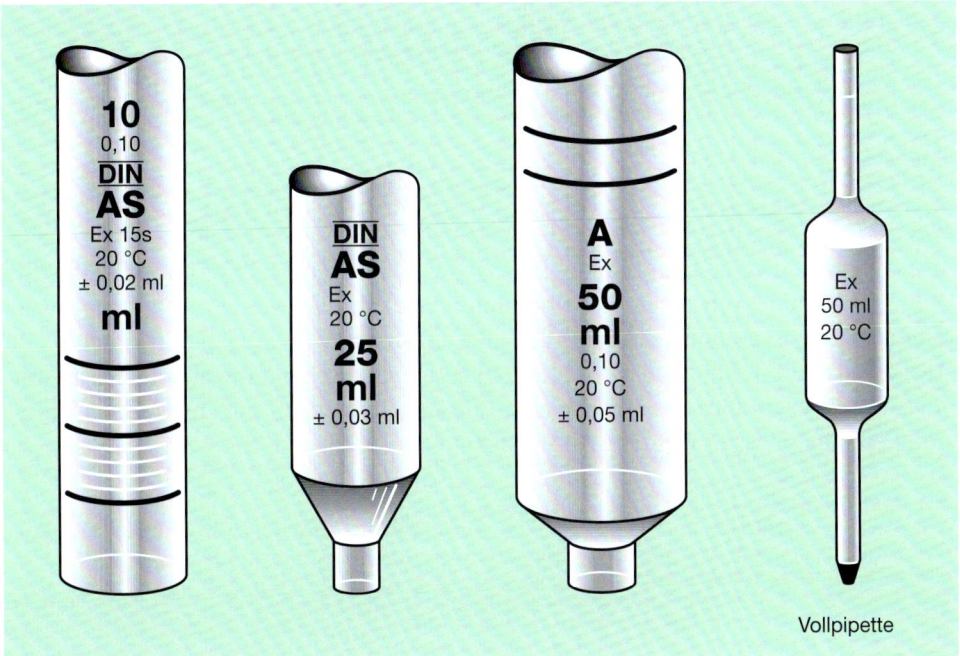

Abb. 2.2-3: Angaben auf Messpipetten

Die Angaben auf einem der Geräte in Abbildung 2.2-3 bedeuten also:
- 50,0 ml — Inhalt
- 0,10 (ml) — Skaleneinteilung
- ml — Maßeinheit
- 20 °C — Messtemperatur
- ± 0,05 ml — Abweichung (Fehlertoleranz)

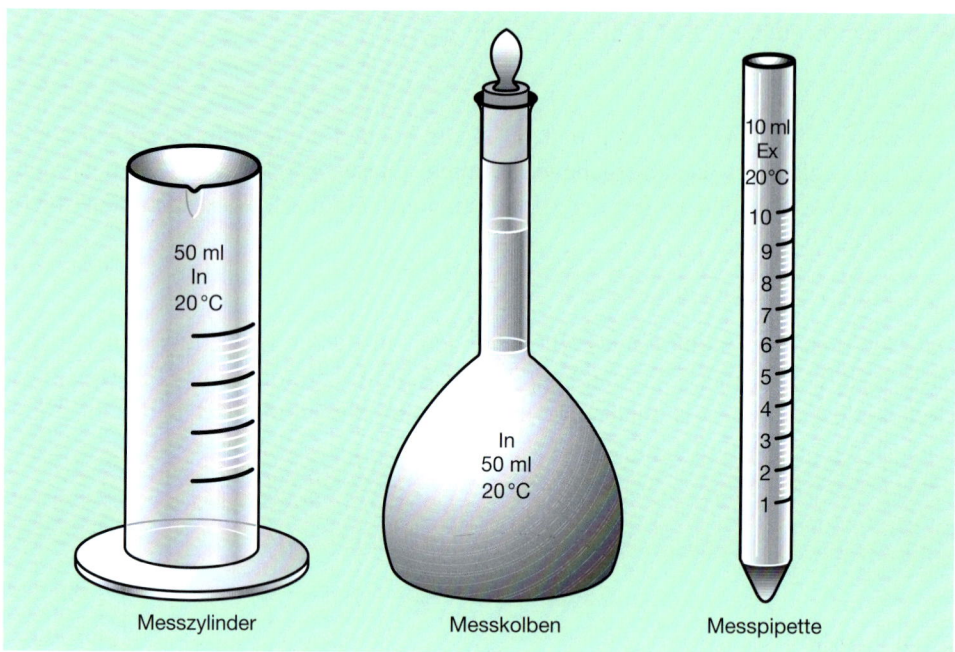

Abb. 2.2-4: Angaben auf Messgefäßen

Messzylinder

Messzylinder werden auch Standzylinder oder Mensuren genannt (Abb. 2.2-4). Sie sind als B-Gefäße mit einer Maßeinteilung versehen und werden trotz der Angabe »In« als Ausgussgefäße verwandt. Dadurch entstehen Messungenauigkeiten bis zu etwa 3 %. Je größer der Messzylinder, um so ungenauer sind die abgelesenen Volumina. Aus diesem Grund sollten kleine Flüssigkeitsmengen nur mit kleinen Messzylindern abgemessen werden (Abb. 2.2-5).

Messkolben

Mit Messkolben (A-Gefäße) werden in der analytischen Chemie Lösungen mit definiertem Inhalt hergestellt, wie z. B. Maßlösungen für Gehaltsbestimmungen oder Referenzlösungen für Grenzprüfungen. Sie sind auf »In« justiert. Die Messgenauigkeit beträgt je nach Kolbengröße ± 0,1 bis 0,2 % (Abb. 2.2-4).

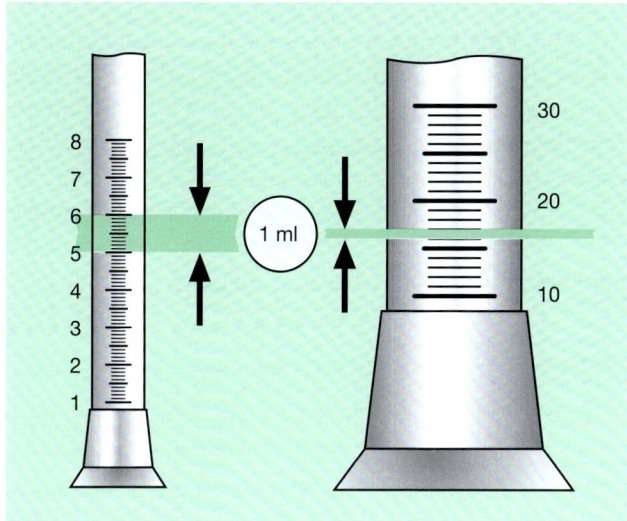

Abb. 2.2-5:
Messzylinder mit grober und feiner Maßeinteilung

UND SO WIRD'S GEMACHT!

Schliffstopfen und Messkolben müssen sauber sein. Die Substanz wird in den Messkolben eingewogen und in der halben Lösungsmittelmenge gelöst. Sollte sich die Lösung beim Lösungsvorgang erwärmen oder zur Lösung Wärme benötigt werden, wird sie erst in einem Erlenmeyerkolben angelöst, auf Raumtemperatur abgekühlt und dann in den Messkolben umgefüllt. Der Erlenmeyerkolben muss mehrmals mit etwas Lösungsmittel nachgespült werden, damit man sicher sein kann, dass die Substanz vollständig überführt worden ist. Die Lösung wird bis kurz unter die Marke am Kolbenhals mit Lösungsmittel aufgefüllt, auf Justiertemperatur (20 °C) gebracht und tropfenweise auf die Marke eingestellt. Anschließend wird die Lösung gut gemischt.

Messpipetten

Messpipetten (Abb. 2.2-4) sind Glasrohre, die am unteren Ende spitz ausgezogen sind und fast über ihre gesamte Länge eine Milliliter-Messskala haben. Sie sind auf »Ex« justiert. Die Messgenauigkeit beträgt je nach Größe der Pipette ± 0,5 bis 1,5 %.

UND SO WIRD'S GEMACHT!

Die Pipette muss sauber und ihre Spitze unversehrt sein. Sollte sie noch feucht sein, kann man sie, um Zeit zu sparen, vor der Abmessung mehrmals mit der Flüssigkeit ausspülen, die abgemessen werden soll. Die Pipette wird in die Flüssigkeit eingetaucht und bis etwa 1 cm über die Null-Marke hochgesogen, z. B. mit einem Peleusball. Man sollte darauf achten, dass die Pipette weit genug in die Lösung eintaucht, um keine Luft anzusaugen. Dann wird die Pipette aus der Flüssigkeit herausgenommen und ihr unterer, befeuchteter Teil mit saugfähigem Papier abgewischt. Jetzt lässt man die Flüssigkeit auf die gewünschte Marke absinken, dabei wird die Pipette senkrecht gehalten. Die Pipettenspitze muss die Wand des entsprechenden Gefäßes berühren, um die abgemessene Flüssigkeit auslaufen zu lassen. Nach entsprechender Wartezeit (etwa 15 Sekunden) wird die Pipettenspitze unter leichter Drehung an der Wandung abgestreift.
Achtung: Der Rest Flüssigkeit bleibt in der Spitze! Nicht ausblasen!

Vollpipetten

Vollpipetten (A-, AS-Gefäße) sind in der Mitte zylindrisch erweiterte Glasrohre. Das untere Ende ist spitz ausgezogen. Am oberen Teil befindet sich eine Ringmarke (Abb. 2.2-3). Die Vollpipette ist auf »Ex« justiert. Die Messgenauigkeit beträgt je nach Größe der Pipette ± 0,1 bis 0,2 %.

Büretten

Büretten (A-, AS-Gefäße) bestehen aus einem justierten Glasrohr, das am unteren Ende mit einem Hahn versehen ist (Abb. 2.2-6). Die Bürette wird bei maßanalytischen Gehaltsbestimmungen der Arzneistoffe eingesetzt. Der Messfehler der abfließenden

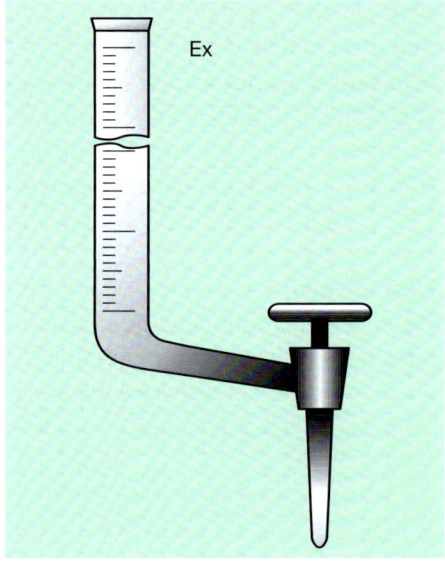

Abb. 2.2-6:
Bürette

2 Messtechniken

Maßlösung darf nicht größer als 0,5 % sein. Dies bedeutet, dass mit einer 25,0-ml-Bürette, einer Ablesegenauigkeit von 0,1 ml und einem Messfehler von 0,5 %, mindestens 20,0 ml entnommen werden müssen, um nur 0,1 ml von dem gemessenen Volumen abzuweichen. Neben Büretten für 50,0 oder 25,0 ml Maßlösung werden für den Verbrauch kleiner Mengen Feinbüretten verwendet, die ein Fassungsvermögen von 10,0 ml haben.

UND SO WIRD'S GEMACHT!

Die Bürette muss sauber und die Spitze des Hahns unversehrt sein. Lässt sich der Hahn nicht leicht drehen, muss er mit wenig Vaselin so geschmiert werden, dass das Abflussloch im Schliff nicht verstopft wird. Die Bürette wird senkrecht mit einer Bürettenklammer an einem Stativ befestigt. Der Hahn ist so hoch angebracht, dass der Titrierkolben bequem darunter geschoben werden kann. Die Maßlösung wird nun mit einem kleinen Bürettentrichter, besser mit einem kleinen Becherglas etwa 1 cm über die Null-Marke in die trockene Bürette eingefüllt. Sollte sie feucht sein, kann man sie ein- bis zweimal mit kleinen Mengen der Maßlösung spülen. Im Bürettenrohr und -hahn dürfen keine Luftblasen vorhanden sein. Sie hängen meist an der Glaswand und zeigen an, dass die Bürette nicht ganz sauber ist. Man lässt nun die Maßlösung bis zur Null-Marke ablaufen und streift den Tropfen an der Hahnspitze mit Filtrierpapier ab.

Die Titration kann beginnen. Um die Farbänderung des Indikators besser erkennen zu können, ist es sinnvoll, ein weißes Blatt Papier unter das Titriergefäß zu legen. Am Ende der Titration werden auf der Skala die verbrauchten Milliliter Maßlösung abgelesen.

Fehlermöglichkeiten

Meniskusfehler
Um Messfehler möglichst gering zu halten, müssen die Justierbedingungen des entsprechenden Gefäßes eingehalten werden. Die Flüssigkeitsoberfläche in den Gefäßen ist nicht plan, sondern wegen der Adhäsionskräfte in der Flüssigkeit oder der Kohäsionskräfte zwischen Glaswand und Flüssigkeit entweder nach oben (konvex) oder nach unten (konkav) gewölbt. Man nennt diese Wölbung Meniskus. Beim konkaven Meniskus wird an der tiefsten Stelle, dem unteren Meniskusrand, beim konvexen an der höchsten Stelle, dem oberen Meniskusrand, abgelesen. Um besser ablesen zu können, sind manche Büretten mit einem blauen Farbstreifen, dem Schellbachstreifen, versehen (Abb. 2.2-7). Sind die Maßlösungen stark gefärbt oder undurchsichtig (Iod-Lösungen, Kaliumpermanganat-Lösungen), liest man am oberen Meniskus ab.

Parallaxenfehler
Ablesefehler entstehen, wenn nicht in Augenhöhe, sondern schräg von oben oder unten abgelesen wird (Abb. 2.2-8).

Schräghaltefehler
Steht die Bürette nicht senkrecht, wird falsch abgelesen (Abb. 2.2-8).

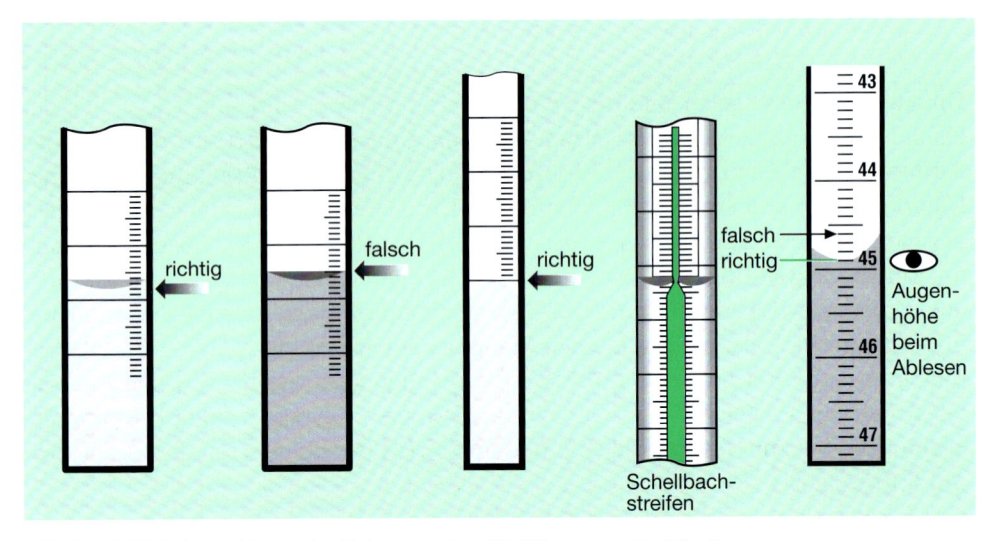

Abb. 2.2-7: Richtiges Ablesen des Volumens einer Maßlösung an der Bürette

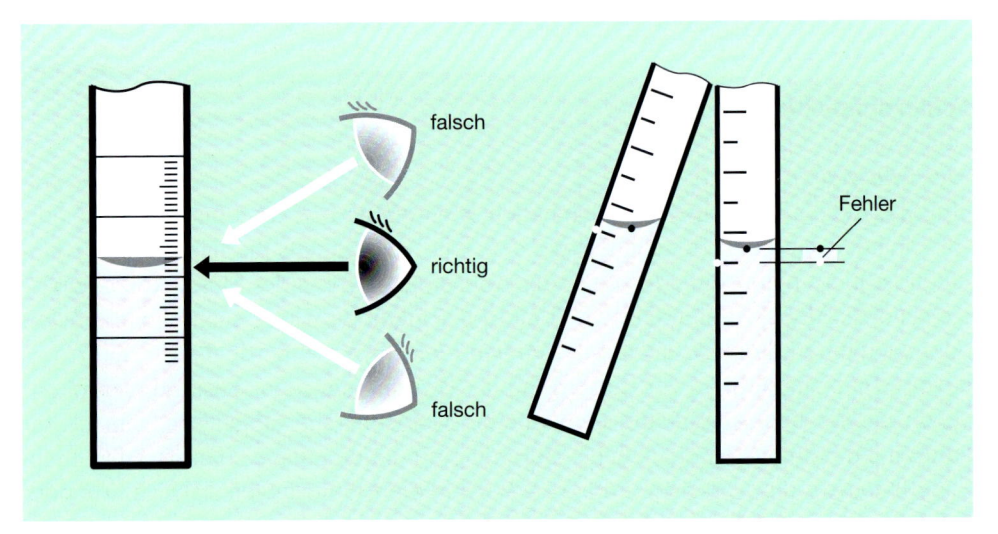

Abb. 2.2-8: Ablesefehler durch Parallaxe oder Schräghaltung

Nachlauffehler
Bei Gefäßen, die auf Auslauf (Ex) justiert sind, wartet man etwa 30 Sekunden, bis die Flüssigkeit, die die Gefäßwände benetzt hat, nachgelaufen ist. Erst dann kann das abgelaufene Volumen abgelesen werden.

2.3 ■ Messen der Temperatur

Physikalischer Hintergrund
Wärme ist Energie und wird von Wärmequellen erzeugt. Beispiele sind die Sonne, in der wir uns wärmen, oder der Ofen, an dem wir uns wärmen. Da Wärme eine übertragbare Energieform ist, kann sie von einem wärmeren Körper an einen kälteren Körper abgegeben werden. Der erwärmte Körper ändert dann seine Temperatur. Temperaturänderungen beeinflussen viele physikalische Eigenschaften der Stoffe. Mit steigender Temperatur

- nimmt die *Dichte* ab,
- verändert sich der *Aggregatzustand*: Eis – Wasser – Wasserdampf,
- nimmt die *elektrische Leitfähigkeit der Metalle* ab (s. Seite 53)
- und dehnt sich das *Volumen* eines Körpers aus.

Temperaturskalen
Um objektive und vergleichbare Messungen der Temperatur durchführen zu können, hat schon 1742 der schwedische Astronom Anders Celsius[4] die Eigenschaften des Wassers benutzt, um aus dessen Fixpunkten die »Celsius-Temperatur-Skala« zu schaffen. Die Fixpunkte des Wassers bei normalem Luftdruck (101,3 kPa) sind:

- *der Eispunkt oder Schmelzpunkt (Smp.)* bei 0 °C (Celsius). Bei dieser Temperatur liegen Eis und Wasser nebeneinander als Gemisch vor.
- *der Siedepunkt (Sdp.)* bei 100 °C (Celsius).

Die Skala zwischen diesen beiden Punkten ist in 100 gleiche Teile geteilt und nach oben und unten (entspricht dem Minusbereich) erweitert worden. Ein Skalenteil entspricht einem Grad Celsius (°C).
Im Internationalen Einheitssystem (SI-System) wird jedoch nicht die Celsius-Skala, sondern die »Kelvin-Skala« verwendet. Die Temperaturskala hat der Physiker Lord William Kelvin[5] mit der Skalen-Einheit 1 Kelvin (K) entwickelt. Sie beginnt mit dem absoluten Nullpunkt bei –273,15 °C. Dort haben die Moleküle eines Stoffes

---
4) Anders Celsius (1701 – 1744), schwedischer Astronom.
5) William Thomson (1824 – 1907), Lord Kelvin of Largs, schottischer Physiker.

keine Bewegungsenergie mehr (Brownsche[6] Molekularbewegung = 0), sodass ein Körper keine Wärme enthält und eine weitere Abkühlung nicht mehr möglich ist. Die thermodynamische Skala hat daher keine Minusgrade (Tab. 2.3-1)

Tab. 2.3-1: Rechenbeziehungen zwischen Grad Celsius und Kelvin

	Celsius-Skala	Kelvin-Skala
Absoluter Nullpunkt	– 273,15 °C	0 K
Eis-Schmelzpunkt	0 °C	273,15 K
Siedetemperatur	100 °C	373,15 K

AUFGABE

Warum ist die Kelvin-Skala nach unten begrenzt und nach oben nicht?

Thermometer

Thermometer sind Temperaturmessgeräte, mit denen der Wärmezustand eines Stoffes gemessen werden kann. Wenn die Temperaturwerte von den Eichwerten abweichen, kann nach dem Arzneibuch über den Eispunkt (0 °C) die Temperatur korrigiert werden. Hierzu wird das Thermometer in ein Eis/Wasser-Gemisch gestellt, das definitionsgemäß die Temperatur 0 °C hat. Der Betrag, um den der Quecksilberfaden des Thermometers von 0 °C nach oben oder unten abweicht, muss bei einer Temperaturmessung vom abgelesenen Wert abgezogen bzw. zugerechnet werden.

Flüssigkeitsthermometer

In der Apotheke werden überwiegend Flüssigkeitsthermometer benutzt (Abb. 2.3-1). Sie werden deshalb so genannt, weil der Messfühler (das Vorratsgefäß für die Flüssigkeit) und das Steigrohr (Kapillare) mit Quecksilber oder einer farbigen Flüssigkeit gefüllt sind. Sie dehnen sich aus, wenn sie erwärmt werden, und steigen in der Kapillare nach oben. Auf der Skala kann dann direkt die Temperatur abgelesen werden. Die Füllung hängt davon ab, in welchen Bereichen gemessen werden soll. Thermometerflüssigkeiten sind:

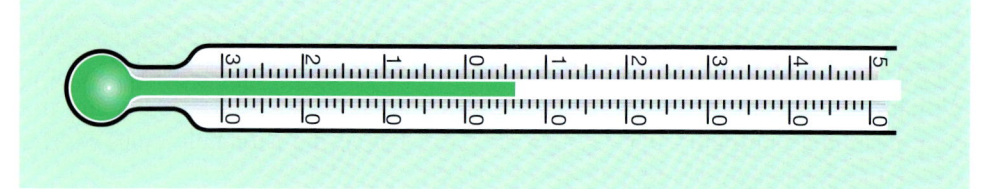

Abb. 2.3-1: Flüssigkeitsthermometer

---
6) Robert Brown (1773 – 1853), britischer Botaniker.

2 Messtechniken

Quecksilber
Es hat viele Vorteile. Quecksilber ist gut zu sehen. Es dehnt sich linear aus, d. h. seine Ausdehnung ist proportional der Zunahme der Temperatur. Es benetzt wegen seiner hohen Oberflächenspannung Glas nicht und leitet die Wärme gut. Messbereich: − 39 bis + 360 °C.
Nachteil: Quecksilber ist giftig. Zerbricht ein Thermometer, muss das Quecksilber mit einem entsprechenden Besteck restlos unschädlich gemacht werden. Anstelle von Quecksilber wird heute der ungiftige Ersatzstoff »Galinstan« verwendet, eine flüssige Legierung aus Indium, Gallium und Zinn.

Organische Flüssigkeiten
Toluol: Messbereich: etwa − 70 °C bis etwa + 110 °C
Alkohol: Messbereich: etwa − 110 °C bis etwa + 40 °C
Pentan: Messbereich: etwa − 200 °C bis etwa + 600 °C

Diese Flüssigkeiten sind an sich farblos und werden daher eingefärbt, um sie sichtbar zu machen. Im Gegensatz zu Quecksilber benetzen sie Glas. Darunter leidet dann die Messgenauigkeit.

Die häufigste Konstruktionsart ist das Einschlussthermometer: Skala und Kapillare sind in einen Mantel eingeschlossen. Alle Flüssigkeitsthermometer sind Berührungsthermometer, ihre Messfühler müssen den Körper, dessen Temperatur gemessen werden soll, berühren. Nach einer kurzen Wartezeit hat sich die Temperatur angeglichen. Wenn das Thermometer das zu messende Gut nicht mehr berührt, sinkt die Flüssigkeitssäule sofort wieder ab. Das ist z. B. bei Badethermometern zu berücksichtigen, mit denen die Temperatur von Babybädern gemessen werden soll. Ausnahme: Fieber- und Cyclotest-Thermometer.

Fieberthermometer

Das Fieberthermometer (Abb. 2.3-2) hat einen verkürzten Skalenteil von 35 bis 42 °C, in Zehntel Grade unterteilt. Oberhalb des Vorratsgefäßes ist die Kapillare, in der das Quecksilber aufsteigen kann, so verengt, dass die Quecksilbersäule bei der höchsten gemessenen Temperatur nicht absinken kann und damit fixiert wird. Der Flüssigkeitsfaden reißt dann ab, wenn sich das Quecksilber in dem Vorratsgefäß wieder zusammenzieht. Die fixierte Temperatur kann abgelesen werden (= Maximumthermometer). Soll erneut gemessen werden, muss das Quecksilber in das Vorratsgefäß »zurückgeschlagen« werden. Bei der Messung im Mund schwanken die Werte im Gegensatz zu Achsel oder After bis zu 1 Grad.

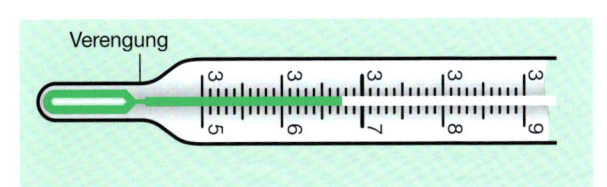

Abb. 2.3-2: Fieberthermometer

Cyclotest-Thermometer
Eine Weiterentwicklung des Fieberthermometers ist das Cyclotest-Thermometer. Es wird bei der Kalendermethode nach Knaus-Ogino zur natürlichen Empfängnisverhütung verwendet. Der Skalenbereich liegt zwischen 36,3 und 37,5 °C. Während des Zyklus steigt die Basaltemperatur der Frau am Tag des Eisprungs um einige Zehntelgrade an. Vor dem Temperaturanstieg geht die Temperatur zunächst leicht zurück, doch ist der minimale Abfall oft nicht zu messen. Die leicht erhöhte Temperatur bleibt bis zur nächsten Menstruation bestehen. Man misst unter der Zunge immer morgens zur gleichen Zeit vor dem Aufstehen.

Anschütz-Thermometersatz
Der Anschütz-Thermometersatz ist zur Bestimmung einiger physikalischer Kennzahlen nach dem Arzneibuch vorgeschrieben. Er besteht aus sieben Thermometern mit verschiedenen Messbereichen zwischen –5 und 360 °C. Im Bereich 0 bis 200 °C sind die Skalen in 0,2 °C unterteilt, ab 200 °C in 0,5 °C, ab 300 °C in 1,0 °C.

Fehlermöglichkeiten

Parallaxenfehler
Um exakt ablesen zu können, müssen das Ende der Flüssigkeitssäule und das Auge der Betrachterin auf gleicher Höhe sein.

Fadenfehler
Je höher die angezeigte Temperatur ist, um so weiter ragt der Flüssigkeitsfaden der Kapillare aus dem Stoff heraus, dessen Temperatur bestimmt werden soll. Der Flüssigkeitsfaden liegt dann in einem kühleren Bereich, in dem er sich wieder zusammenzieht. Die Folge ist, dass die abgelesene Temperatur zu tief ist.

Fadenriss
Lässt man Thermometer zu rasch abkühlen, kann der Flüssigkeitsfaden reißen, d. h. er wird unterbrochen. Dadurch werden zu hohe Temperaturen abgelesen. Wird das Thermometer langsam aufgeheizt, bis der Riss geschlossen ist, und dann langsam wieder abgekühlt, kann dieser Schaden wieder behoben werden.

Verschobene Skala
Ist die Halterung der Skala im Mantelrohr gebrochen, wird die Temperatur falsch abgelesen. Um bei einem Fieberthermometer die richtige Lage der Skala überprüfen zu können, ist ein Strich auf den Glasmantel geätzt worden, der mit dem Skalenstrich bei 40 °C übereinstimmen muss.

Nächste Messung
Das Thermometer sollte langsam abkühlen, bevor es zur nächsten Messung verwendet wird.

Elektronische Thermometer

Elektronische Thermometer haben einen Messfühler aus Metall und können zur Messung innerhalb größerer Temperaturbereiche – von –250 bis +800 °C – eingesetzt werden. Auch das Digitalthermometer, das zur Fiebermessung, aber auch zu anderen Temperaturmessungen verwendet wird, ist ein elektronisches Thermometer (Abb. 2.3-3). Seine Funktion beruht auf dem physikalischen Phänomen, dass der elektrische Widerstand eines metallischen Leiters bei Erwärmung größer wird. Durch die Energiezufuhr werden die Atome des Metallgitters beweglicher, so dass der Elektronenstrom nicht mehr glatt durchfließen kann. Die Folgen sind: Der elektrische Widerstand erhöht sich und die Leitfähigkeit sinkt. Er ist direkt proportional der Temperatur, d. h. in dem Maße, wie die Temperatur steigt, erhöht sich auch der elektrische Widerstand. Für die Messung ist eine Stromquelle erforderlich. Die Temperaturunterschiede und damit die entsprechenden Widerstände werden dank der modernen Elektronik als elektrische Signale an ein Anzeigegerät gesandt, umgeformt und digital als Celsiusgrade oder Kelvin angezeigt. Die Digitalthermometer haben ihren Namen daher, dass die Temperatur nicht an einer Skala abgelesen werden muss, wie z. B. bei den Flüssigkeitsthermometern, sondern in einem Sichtfenster (= Display) als Ziffern erscheint. Ein Signalton zeigt schon nach wenigen Sekunden an, dass die Messung beendet ist. Bei elektronischen Fieberthermometern wird der maximale Wert der Temperatur in der Anzeige festgehalten.

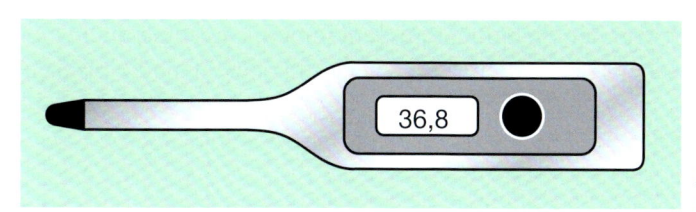

Abb. 2.3-3:
Digitalthermometer

Infrarotthermometer

Mit den modernen Infrarot(IR)-Thermometern kann man in zwei Sekunden die Körpertemperatur ermitteln. Im Prinzip funktionieren sie wie ein Fotoapparat. Die Belichtungszeit beträgt eine Sekunde. Je höher die Temperatur, um so stärker die Wärmestrahlung, die den Sensor belichtet. Dieser wandelt die Wärmestrahlung in elektrischen Strom um, aus dessen Schwankung man dann sehr genau die Temperatur ermitteln kann. Mit dem Ohrthermometer wird die Körpertemperatur im Gehörgang gemessen, einer besonders geeigneten Stelle (Abb. 2.3-4). Denn die

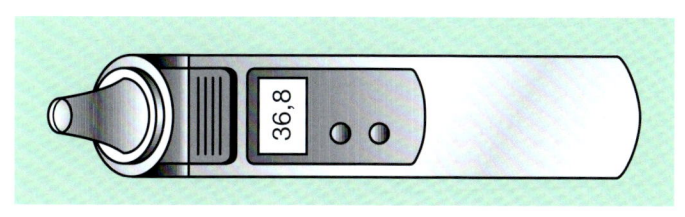

Abb. 2.3-4:
Ohrthermometer

Temperatur des Trommelfells entspricht der Temperatur der Kopfschlagader, die durch das Gehirn führt, in dem das Temperaturkontrollzentrum, der Hypothalamus, die Körpertemperatur regelt.

Flüssigkristallthermometer
In einer speziellen Flüssigkeit befinden sich viele winzige Kristalle, die die Flüssigkeit undurchsichtig machen. Bei einer bestimmten Temperatur aber ordnen sich die Kristalle so an, dass die Flüssigkeit durchsichtig wird. Bei Maßlösungen, die in der Analytik nur bei 20 °C Raumtemperatur verwendet werden dürfen, sind z. B. an den Gefäßen Streifen mit einer Zahlenreihe zwischen 15 und 25 °C angebracht. Darüber liegt die Flüssigkeit mit den »Thermokristallen«. Ist die Temperatur von 20 °C erreicht, wird die Flüssigkeit bei der Ziffer 20 durchsichtig und diese damit lesbar. Die benachbarten Ziffern, also 19 und 21, liegen im »Trüben«. So kann man exakt die Temperatur einhalten, die für die Messung erforderlich ist.

Thermofarben
Wärmeempfindliche Farbstoffe können bei Temperaturänderungen ganz plötzlich ihre Farbe wechseln. Verwendet werden sie z. B. in der chemischen Analyse, zur Temperaturkontrolle bei Sterilisationen oder zur Einschätzung der Körpertemperatur.

Eichung
Temperaturmessgeräte sind von der Eichpflicht ausgenommen, soweit sie nicht zur Bestimmung der physikalischen Kennzahlen der Arzneistoffe oder zu medizinischen Zwecken dienen.

MERKE

> Wärme ist eine spezielle Energieform. Wird ein Körper erwärmt, so erhöht sich seine Temperatur und er dehnt sich aus. Wird ihm Wärme entzogen, so sinkt seine Temperatur und er zieht sich zusammen. Mit einigen Flüssigkeiten, z. B. Quecksilber oder Alkohol, kann man den Wärmeinhalt eines Körpers messen. Temperaturen werden in Grad Celsius (°C) oder Kelvin (K) angegeben.

2.4 ■ Messen des Druckes

Physikalischer Hintergrund
Druck ist eine Größe, die den Zustand der Flüssigkeiten und Gase beschreibt und der viele chemische und physikalische Prozesse beeinflusst. So lässt sich z. B. die Siedetemperatur einer Flüssigkeit herabsetzen, wenn man den Außendruck vermindert.

Wir sind von Luft, einem farblosen Gasgemisch, umgeben, das die Erde umhüllt. Luft besteht zu etwa 78 % aus Stickstoff, zu 20 % aus Sauerstoff und 2 % aus Edelgasen und Kohlendioxid. Die Lufthülle hat eine Masse und übt daher eine Gewichtskraft auf die Erdoberfläche aus. Wir nennen sie »Luftdruck«.

Eigenschaften der Gase
Der gasförmige Aggregatzustand eines Stoffes ist der energiereichste. Ursache ist die große kinetische Energie (Bewegungsenergie), die die Gasmoleküle haben. Sie sind einzeln in wilder, ständiger, regelloser Bewegung und stoßen mit anderen Gasmolekülen und allem, was sich ihnen in den Weg stellt, heftig zusammen. Dieser dauernde »Zusammenstoß« und »Aufprall« auf Hindernisflächen erzeugt eine Kraft, die als Gasdruck bezeichnet wird. Er wirkt immer senkrecht auf die Fläche. Die SI-Einheit der Kraft ist das Newton (s. Seite 14).

Kraft (F) = Masse (m) × Erdbeschleunigung (g):

$$1\,N = \frac{1\,kg \times m}{s^2} = [kg \times m \times s^{-2}]$$

Also: 1 Newton ist die Kraft, die aufgewendet werden muss, um einem Körper von der Masse 1 Kilogramm die Beschleunigung m pro Sekunde^2 zu erteilen (Tabelle 2.4-1).

Wird die Kraft F auf eine Fläche A ausgeübt, entsteht nach der folgenden Gleichung der Druck p. Dabei ist

$$\text{Druck} = \frac{\text{Kraft}}{\text{Fläche}} \qquad p = \frac{F}{A} \qquad \left[\frac{N}{m^2}\right]$$

In gasförmigem Zustand nimmt ein Stoff jeden verfügbaren Raum ein. So lassen sich Gase auch zusammenpressen (komprimieren). Wenn der Raum ständig verkleinert wird, kommen sich die frei beweglichen Gasteilchen zwangsläufig immer näher, ihre Kohäsionskräfte können untereinander wieder wirksam werden. Das Gas verflüssigt sich. Beispiele: Pressgasflaschen mit flüssiger Luft, flüssigem Sauerstoff oder Stickstoff.

MERKE

Werden Gase komprimiert, steigt der Gasdruck.

Wird der Raum, den eine bestimmte Gasmenge einnimmt, bei gleicher Temperatur um das Doppelte vergrößert, so verringert sich der Gasdruck auf die Hälfte. Dieses Gasgesetz wurde schon vor 300 Jahren von den französischen Physikern *Boyle* und

Mariotte[7] formuliert. Danach ist das Produkt aus Druck und Volumen einer abgeschlossenen Gasmenge konstant. Vergrößert man den Raum, den eine Gasmenge einnimmt, sinkt ihr Druck, verkleinert man den Raum, steigt ihr Druck. Wenn man »eingesperrtes« Gas bei unveränderter Raumgröße erwärmt, nimmt der Gasdruck im Raum zu, da sich die Gasmoleküle schneller bewegen und heftiger auf die Begrenzungsflächen prallen. Wärmeenergie wird dabei zu Bewegungsenergie. Kühlt man das Gas ab, sinkt der Gasdruck entsprechend.

Einheiten des Druckes
Die Einheit des Druckes (p) ist Pascal[8] (Pa).

$$1 \text{ Pascal (Pa)} = \frac{1 \text{ kg} \times \text{m}}{\text{m}^2 \times \text{s}^2} = [\text{kg} \times \text{m}^{-1} \times \text{s}^{-2}] = 1 \text{ N} \times \text{m}^{-2}$$

1 Kilopascal (kPa) = 10^3 Pa
1 Hectopascal (hPa) = 10^2 Pa

In Worten ausgedrückt heißt das: Der Druck 1 Pa ist der Druck, der mit der Kraft von 1 N auf eine Fläche von 1 m² wirkt.

Tab. 2.4-1: Andere ältere, noch teilweise gebräuchliche Druckeinheiten

1 bar	=	10^5 Pa
1 mbar (Millibar)	=	10^{-3} bar (= 10^2 Pa = 10^{-1} kPa)
1 atm (Atmosphäre)	=	1,013 25 bar = 760 mmHg (Millimeter Quecksilbersäule)
1 mmHg	=	1 Torr bei 0 °C (nach dem italienischen Physiker Torricelli)
1 atm	=	760 Torr
1 Torr	=	133,322 368 Pa (= 0,133 322 368 kPa)

AUFGABE

Rechnen Sie die folgenden Werte jeweils um in Hectopascal, Kilopascal, Atmosphären, Torr, bar: 1,5 bar; 21,15 hPa; 0,1 kPa; 140 mm Hg

Normaldruck
Der normale Luftdruck, auch Atmosphärendruck genannt, beträgt in Meereshöhe:

1013 mbar = 1,013 bar = 1,013 × 10^5 Pa = 101,3 kPa

Bei Wetteransagen wird der normale Luftdruck mit 1013 hPa (Hektopascal) angegeben. In der Lufthülle entwickeln sich je nach Wetter Hoch- und Tiefdruckzonen, aus denen neben anderen Kriterien die Meteorologen die Wetteransagen ableiten können.

---
7) Robert Boyle (1627 – 1691), englischer Physiker. Edme Mariotte (1620 – 1684), französischer Physiker.
8) Blaise Pascal (1623 – 1662), französischer Philosoph, Mathematiker und Physiker.

2 Messtechniken

Vakuum, Unterdruck

Das Vakuum ist ein gasverdünnter Raum, in dem der Luftdruck geringer ist als der Normaldruck, also < 1,013 × 105 Pa. Als Unterdruck werden Luftdruckwerte unter 1 bar bzw. unter 101,3 kPa bezeichnet. Im Laboratorium muss bei manchen Untersuchungen Unterdruck angewandt werden. Um z.B. den Trocknungsverlust zu ermitteln, schreibt das Arzneibuch vor, dass manche Substanzen im Vakuum bei 1,5 bis 2,5 kPa oder im Hochvakuum bei 0,1 kPa getrocknet werden müssen. Besonders häufig wird im Vakuum bei niedrigen Temperaturen destilliert, um Flüssigkeitsgemische in ihre Einzelstoffe zu trennen, die sich bei Normaltemperatur zersetzen würden. Wir wissen, je höher der Luft(Gas)druck ist, der auf der Flüssigkeit lastet, umso höher steigt der Siedepunkt und umgekehrt (s. Seite 94). Geräte, die Unterdruck erzeugen, sind:

Wasserstrahlpumpe

Die Wasserstrahlpumpe ist eine Saugpumpe (Vakuumpumpe), weil sie dazu dient, einen abgeschlossenen Raum mehr oder weniger stark luftleer zu machen (Abb. 2.4-1). Sie wird an die Wasserleitung angeschlossen und arbeitet rasch und selbsttätig. Der Rohrquerschnitt, durch den das Wasser strömt, ist am Ende verengt. Dadurch erhöht sich an dieser Stelle die Strömungsgeschwindigkeit des Wassers (Düsenwirkung). Das Wasser reißt Luft mit sich. An der Engstelle entsteht eine Unterdruckzone, die Luft aus dem Gefäß nachsaugt, um die Druckdifferenz auszugleichen.

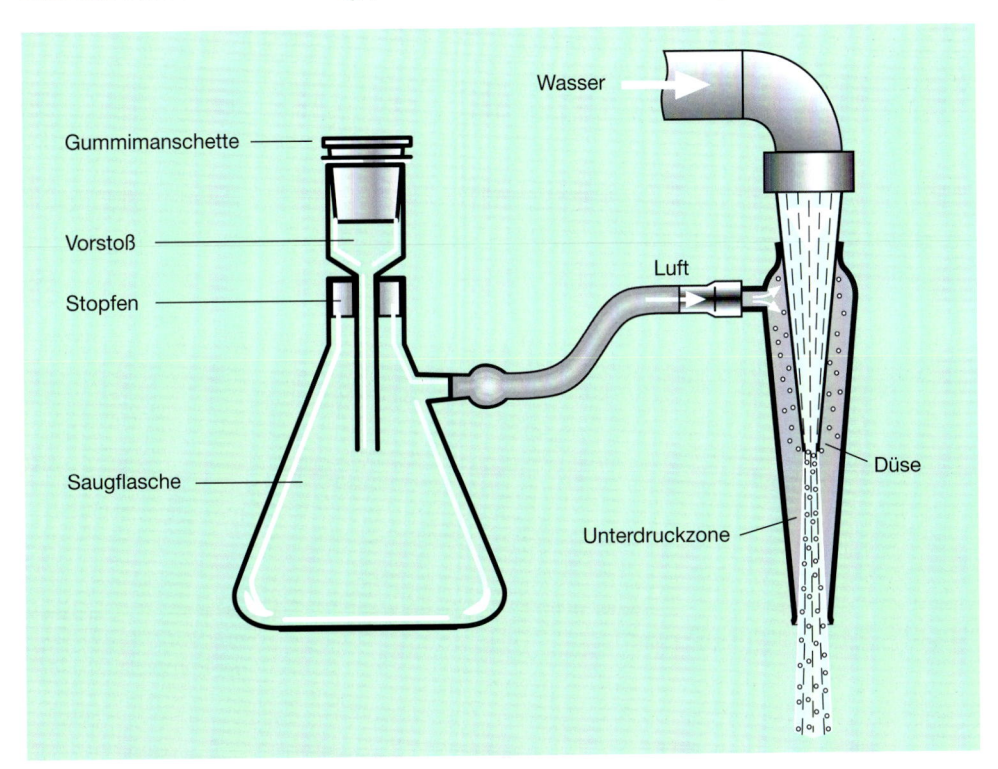

Abb. 2.4-1: Saugflasche mit Glasfiltertiegel und Wasserstrahlpumpe

Müssen beispielsweise sehr feine Niederschläge durch engporige Filter filtriert werden, wäre unter normalen Druckverhältnissen die Filtriergeschwindigkeit gleich Null. Bei Unterdruck lassen sich solche Filtrationen in wenigen Minuten durchführen. Glasfilter- oder Porzellanfiltertiegel haben Böden aus gesintertem Material, z. B. Glas, Keramik, auf denen sich der Niederschlag fängt. Sie werden über eine Gummidichtung auf eine Saugflasche (Abb. 2.4-1) aufgesetzt, in der durch eine Wasserstrahlpumpe Unterdruck erzeugt werden kann.

Gasbrenner

Beim *Bunsenbrenner*[9] wird ebenfalls durch eine Verengung des Gasrohres am Rohrausgang eine Unterdruckzone erzeugt, die die zur Verbrennung notwendige Luft aus der Umgebung ansaugt (Abb. 2.4-2). Luft- und Gasmenge können reguliert werden. An der Farbe der Flamme kann man erkennen, ob die Verbrennung des Gases vollständig ist (Abb. 2.4-3). Leuchtet sie gelblich, reicht die Luftmenge für die Verbrennung nicht aus. Es entstehen die gelblich glühenden Rußpartikel. Bei ausreichender Luftzufuhr sieht man eine nichtleuchtende Flamme mit einem äußeren und einem inneren Kegel. Im inneren Kegel findet eine Verbrennung nicht statt, die Flamme ist dort relativ kalt und kann als »Reduktionszone« benutzt werden, im äußeren Kegel ist die Verbrennung vollständig und daher die Verbrennungstemperatur am höchsten. Dort befindet sich die »Oxidationszone«. Der *Teclubrenner*[10] ist eine Weiterentwicklung des Bunsenbrenners, mit dem wesentlich höhere Verbrennungstemperaturen erzeugt werden können (Abb. 2.4-2).

Abb. 2.4-2: Bunsen- und Teclubrenner

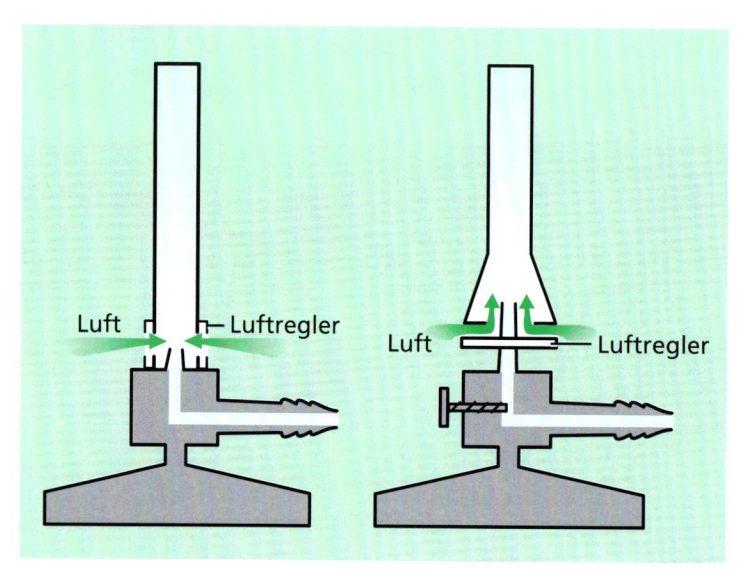

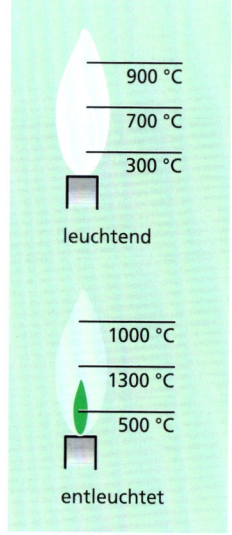

Abb. 2.4-3: Die Zonen der Bunsenflamme

---

9) Robert Wilhelm Bunsen (1811 – 1899), deutscher Chemiker.
10) Nicolae Teclu (1839 – 1916), österreichischer Chemiker.

Überdruck

Als Überdruck werden Luftdruckwerte über 1 bar bzw. über 101,3 kPa bezeichnet. Im Arzneibuch sind Verfahren vorgeschrieben, mit denen im Hochdrucksterilisator (Autoklav) Lösungen bei 1 bis 2 bar sterilisiert werden können (s. Seite 48, 95).

AUFGABE

Erklären Sie, wie die folgenden Geräte funktionieren:
Pipette, Spritzflasche, Injektionsspritze

Geräte zur Druckmessung

Geräte zur Druckmessung in Flüssigkeiten und Gasen heißen Manometer. Sie messen immer die Druckdifferenz zwischen Über- oder Unter- und Normaldruck. Manometer, die den Luftdruck messen, heißen Barometer.

Flüssigkeitsmanometer

Das Prinzip dieses Manometers ist im Jahre 1644 von dem italienischen Physiker Torricelli[11] entwickelt worden, als er zum ersten Mal die Größe des normalen Luftdrucks bestimmte (Abb. 2.4-4). Ein Rohr von etwa 1 m Länge, einseitig verschlossen und mit Quecksilber gefüllt, wird mit dem offenen Ende in ein Gefäß getaucht, das ebenfalls Quecksilber enthält, und senkrecht aufgestellt. Der Quecksilberspiegel sinkt im Rohr auf etwa 760 mm ab. Die Messung wird auf Höhe des Meeresspiegels durchgeführt. Das bedeutet: Eine Quecksilbersäule mit dem Querschnitt von 1 cm^2 und der Länge von 760 mm drückt mit der gleichen Kraft wie eine Luftsäule auf eine Fläche von 1 cm^2. Daraus ergibt sich ein Luftdruck von 760 mm Quecksilber(Hg)-Säule = 760 Torr (Tab. 2.4-1).

Heute wird als das einfachste Flüssigkeitsmanometer das *U-Rohr-Manometer* (Abb. 2.4-5) verwendet. Ein U-Rohr ist ein kommunizierendes (verbundenes) Gefäß. Wenn beide Schenkel oben offen wären, stünde die Flüssigkeit gleich hoch. Beim U-Rohr-Manometer ist jedoch der eine Schenkel verschlossen. Der äußere Luftdruck drückt auf die Quecksilberfläche des offenen Rohres, deshalb steht das Quecksilber in den beiden Schenkeln nicht mehr gleich hoch. Die Längendifferenz der Quecksilbersäulen der beiden Schenkel in Millimetern entspricht dann dem äußeren Luftdruck.

---

[11] Evangelista Torricelli (1608 – 1647), italienischer Mathematiker und Physiker.

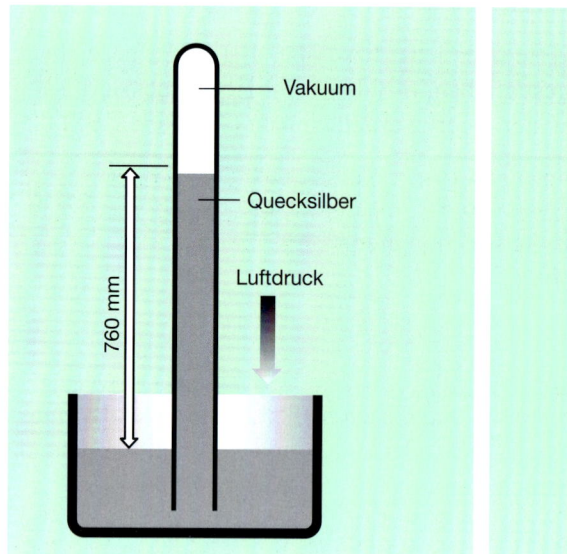

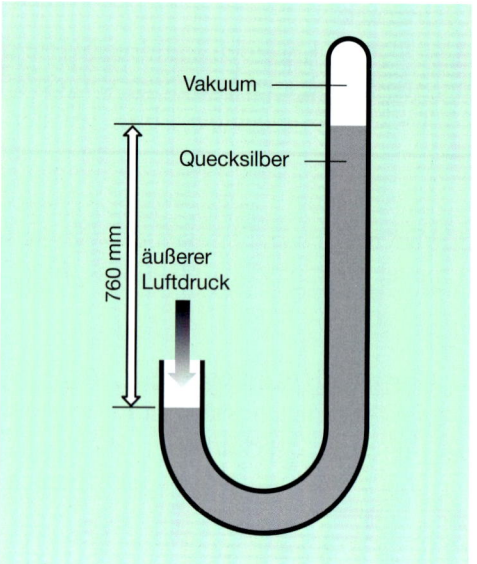

Abb. 2.4-4: Flüssigkeitsmanometer nach Torricelli   Abb. 2.4-5: U-Rohr-Manometer

Mechanische Manometer

Das *Dosenmanometer* besteht im Prinzip aus einer evakuierten (ausgepumpten) Blechdose mit einer elastischen Seitenwand, die durch den Druck der Luft zusammengepresst wird (Abb. 2.4-6). Die elastische Wand besteht aus einer Metallfolie oder einer Membran. Die Membran bläht sich auf, wenn der Druck, der gemessen werden soll, größer ist als der Außendruck. Die Deformation (Formänderung) wird auf einen Zeiger übertragen und auf einer Skala abgelesen.

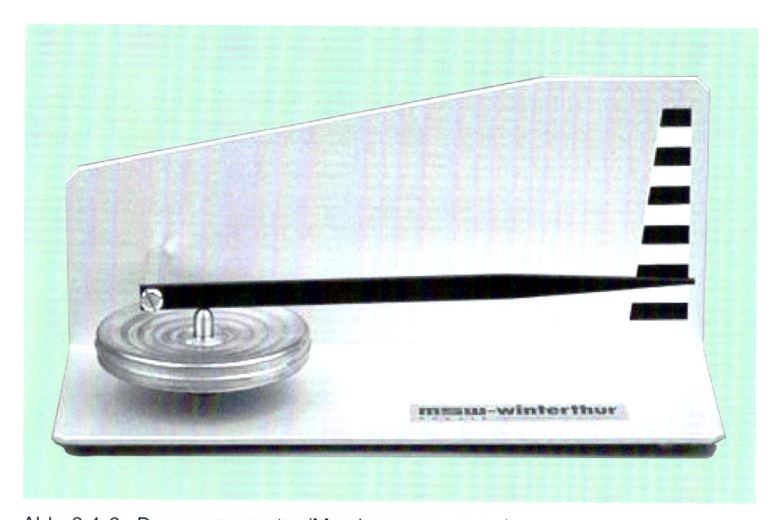

Abb. 2.4-6: Dosenmanometer (Membranmanometer)

AUFGABEN

1. Berechnen Sie den Druck, mit dem eine Frau von 65 kg Gewicht durch die beiden Pfennigabsätze ihrer Stöckelschuhe mit der Fläche je 1 cm² unter Vernachlässigung der Schuhsohlen den Fußboden ruiniert.
2. Damit Öl aus einer Konservendose mit gleichmäßigem Strahl ausfließen kann, muss man vorher zwei Löcher in den Deckel stanzen. Warum fließt das Öl nicht gleichmäßig aus der Dose, wenn nur ein Loch vorhanden ist?

2.5 ■ Messen elektrischer Größen

Theoretische Grundlagen

»Der Strom kommt aus der Steckdose« und zeigt Wirkung. Den elektrischen Energiestrom nutzen wir, um z. B. Wärme und Licht zu erzeugen oder einen Elektromotor zum Laufen zu bringen. In allen Fällen wird elektrische Energie in andere Energieformen umgewandelt, z. B. in Wärmeenergie, Lichtenergie oder mechanische Energie. Diese elektrische Energie wird von den negativ geladenen Elektronen transportiert, die die positiv geladenen Atomkerne umkreisen.

Nach dem »Coulomb'schen[12]) Gesetz« ziehen sich ungleich geladene elektrische Teilchen mit einer elektrostatischen Kraft an und stoßen sich gleich geladene elektrische Teilchen mit eben dieser Kraft ab. Die gegenseitige Abstoßung bedingt den Fluss der Elektronen und damit die Strömung der Elektrizität. Die Wirkung der elektrischen Ladung können wir selbst feststellen: Reiben wir z. B. einen Kunststoffgegenstand und Wolle aneinander, dann fühlen wir einen »elektrischen Schlag«. Aufgrund seiner »Elektronengier« entreißt der Kunststoff der Wolle an ihrer Oberfläche Elektronen, verschafft sich somit einen Elektronenüberschuss und ist damit negativ geladen. Die Wolle hat nun einen Elektronenmangel und ist positiv geladen. Wenn wir Kunststoff und Wolle wieder in Berührung bringen, bekommen wir wieder einen »elektrischen Schlag«, weil sich die getrennten Ladungen wieder ausgleichen.

Elektrischer Stromkreis

In einem geschlossenen elektrischen Stromkreis, in dem alle Verbindungen hergestellt sind, bewegt sich der Elektronenstrom durch leitende Drähte im Kreis (Abb. 2.5-1). Mit einem Schalter kann der Stromkreis unterbrochen oder wieder geschlossen werden.

---
12) Charles Augustin de Coulomb (1736 – 1806), französischer Physiker.

Der elektrische Stromkreis wird durch drei elektrische Größen charakterisiert: Spannung, Stromstärke und Widerstand.

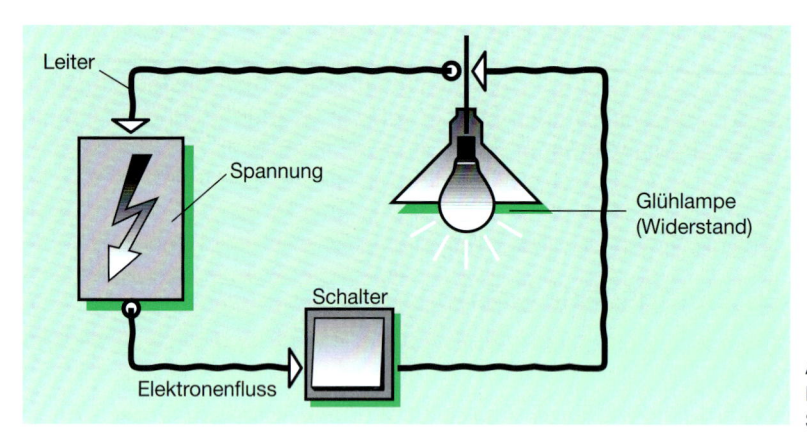

Abb. 2.5-1: Elektrischer Stromkreis

MERKE

Gleichstrom fließt immer in die gleiche Richtung, Wechselstrom wechselt unaufhörlich seine Richtung.

Elektrische Spannung
Eine elektrische Spannung (U) kann grundsätzlich nur zwischen zwei Punkten (Polen) bestehen, die unterschiedliche Ladungen haben, d. h. der eine Pol hat einen Elektronenüberschuss und ist deshalb negativ geladen, der andere hat einen Elektronenmangel und ist somit positiv geladen. Den »Druck«, dieses Ladungsgefälle ausgleichen zu müssen, bezeichnet man als elektrische Spannung. Sie ist der Motor, der die negativ geladenen, überschüssigen Elektronen des einen Pols zu dem positiv geladenen, elektronenärmeren anderen Pol in Bewegung setzt, also fließen lässt. Die Spannung ist die Potenzialdifferenz (»Leistungsfähigkeitsunterschied«) der Potenziale zwischen einem Messpunkt und einem Bezugspunkt.

Elektrische Spannungen können in sogenannten Energieumwandlern, wie Batterien, Generatoren oder Solarzellen, erzeugt werden und mit Transformatoren nach Wunsch sowohl herauf- als auch heruntertransformiert werden. Die Größe der elektrischen Spannung wird mit einem Voltmeter gemessen und in Volt[13] (V) oder Millivolt (mV) angegeben.

---

13) Alessandro Volta (1745 – 1827), italienischer Physiker.

Elektrisches Feld

Getrennte Ladungen mit ihren elektrischen Kräften, der Anziehung und Abstoßung also, beeinflussen den Raum um sich herum. Dieser Wirkungsraum wird als »elektrisches Feld« bezeichnet. Seine Wirkungslinien, die Feldlinien, sind gekrümmt (Abb. 2.5-2). Diese Kräfte wirken auf alle elektrisch geladenen Körper, wenn sie in dieses »elektrische Kraftfeld« geraten. Die Linien des elektrischen Feldes können durch Grieß sichtbar gemacht werden. Auf den Körnern entstehen Dipole, d. h. ihre elektrische Ladung verschiebt sich so, dass das eine Ende eines jeden Korns weniger negativ aufgeladen ist, also als (+)-Pol wirkt, als das andere, das als (−)-Pol wirkt. Die Pole richten sich entsprechend dem Coulomb'schen Gesetz in Richtung der Feldlinien aus (s. Seite 53).

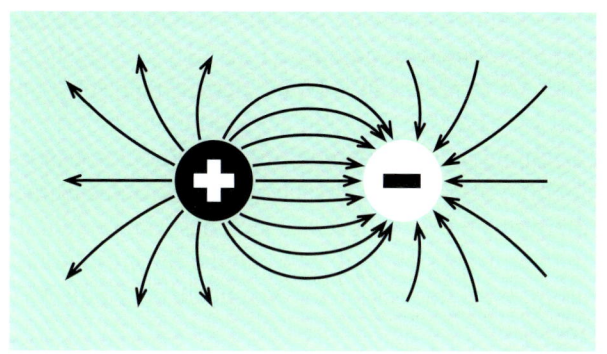

Abb. 2.5-2:
Elektrische Feldlinien

MERKE

Die Spannung zwischen zwei Punkten eines elektrischen Feldes ist eine Potenzialdifferenz.

Stromstärke

Alle Stoffe enthalten Elektronen, die sich nach dem Coulomb'schen Gesetz gegenseitig abstoßen oder von positiv geladenen Körpern angezogen werden. Dabei geraten sie in Bewegung. Elektrischer Strom ist also bewegte Ladung. Je mehr Ladungen sich bewegen, desto höher ihre Wirkung. Denn in Leitern (= Metallen) sind die Elektronen beweglich, in Nichtleitern (= Isolatoren), wie z. B. Luft, Glas, Porzellan, Hartgummi, Holz oder Kunststoff, dagegen nicht. Dass Metalle den elektrischen Strom gut leiten, liegt an ihrer Struktur. Die positiven Metallionen, die ein oder zwei Außenelektronen abgegeben haben, sind in einem Metallgitter angeordnet. In den Zwischenräumen bewegen sich die Elektronen. Sie bilden das »Elektronengas«, das die positiven Metallionen zusammenhält. Diese leicht beweglichen Elektronen lassen sich verschieben und verursachen die gute Leitfähigkeit der Metalle. Die besten Leiter sind Kupfer und Silber.

Wenn Elektronen in einem Stromkreis fließen, so kann mit einem Messgerät, dem Amperemeter, die Größe dieses Elektronenstromes gemessen werden. Je mehr Elektronen pro Sekunde durch einen Leiter fließen, umso größer ist die Stromstärke (I), die in *Ampere (A)*[14] angegeben wird.

Induktionsstrom
Magnete ziehen eiserne Gegenstände an und halten sie fest. Sie haben einen Nord- und einen Südpol, d. h. entgegengesetzt wirksame magnetische Kräfte (Magnetismus). Diese sind an den Polen am stärksten. So stoßen sich gleichnamige Pole ab und ungleichnamige ziehen sich an. Ein Magnet beeinflusst, wie eine elektrische Ladung, den Raum um sich herum. Er baut ein »magnetisches Feld« auf, dessen Feldlinien ähnlich denen des elektrischen Feldes verlaufen. Befindet sich ein Gegenstand innerhalb eines magnetischen oder elektrischen Feldes, so kann er abgestoßen oder angezogen werden, ohne den Magneten oder den Ladungsträger zu berühren. Bewegen wir nun einen Leiter, z. B. einen Draht, der zu einer Spule aufgewickelt ist, in diesem Magnetfeld so, dass sich die Zahl der Feldlinien ändert, wird in dem Leiter eine elektrische Spannung induziert (eingeführt), die Induktionsspannung. Sie hat zur Folge, dass Induktionsstrom fließt. Ursache dieses Stromes ist hier die Bewegung. Der Strom fließt allerdings nur so lange, wie sich das Magnetfeld ändert. Bewegt man die Spule hin und her, wird sich auch dauernd die Stromrichtung ändern. Es entsteht ein Wechselstrom. Wird stattdessen der Magnet in der Spule bewegt, so fließt ebenfalls ein Induktionsstrom.

Ist der Draht einer Spule z. B. mit einer Glühlampe verbunden, muss der Induktionsstrom durch die Lampe fließen: Die Glühlampe leuchtet (Abb. 2.5-3).

Eine Spule mit einem Eisenkern nennt man *Elektromagnet*. Wenn die Drähte keinen Strom führen, ist der Eisenkern unmagnetisch, d. h. er hält keinen einzigen Eisen-

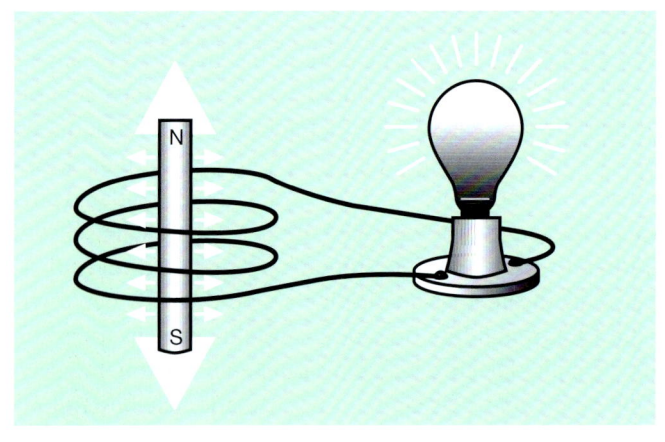

Abb. 2.5-3:
Induktionsstrom lässt die Glühlampe leuchten

---
14) André M. Ampère (1775 – 1836), französischer Mathematiker.

nagel fest. Wenn man aber Strom durch den Draht fließen lässt, wird der Eisenkern sofort zum Magneten. Die Eisennägel bleiben an ihm hängen. Unterbricht man den Stromkreis, man schaltet einfach ab, ist die Spule mit dem Eisenkern wieder unmagnetisch.

MERKE

Magnetismus erzeugt elektrischen Strom und elektrischer Strom erzeugt Magnetismus. Ohne Bewegung kein Strom. Je schneller die Bewegung, desto stärker das Magnetfeld. Je mehr Windungen auf der Spule, umso stärker ist der Induktionsstrom.

Widerstand
Alle Materialien, durch die elektrischer Strom fließt, setzen ihm einen Widerstand (R) entgegen. Die gut leitenden Metalle haben einen geringen Widerstand und werden deshalb als elektrische Leitungen benutzt. Glas, Porzellan oder Kunststoffe werden, da sie einen hohen Widerstand haben, in der Elektrotechnik als Isolatoren eingesetzt, um den Benutzer elektrischer Geräte vor den Gefahren des elektrischen Stroms zu schützen.

Werden Metalle erwärmt, so nimmt der elektrische Widerstand zu, denn durch die Erwärmung gerät die Struktur des Metallgitters in Unordnung. Die Elektronen müssen »Hindernisse« überwinden und können nicht mehr ungehemmt den Leiter durchfließen (Abb. 2.5-4).

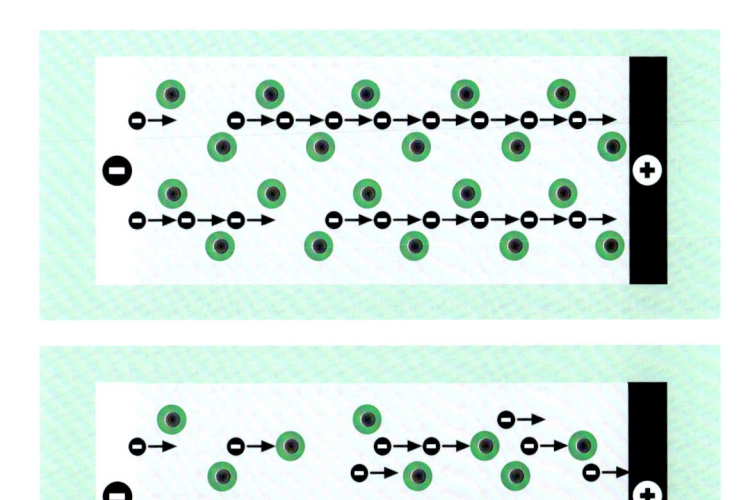

Abb. 2.5-4: Abnahme der elektrischen Leitfähigkeit in Metallen durch Erwärmung

Der Widerstand wird in Ohm[15] (Ω = griechisch: Omega) angegeben. Den Zusammenhang der drei Größen Spannung (U), Stromstärke (I) und Widerstand (R) beschreibt das *Ohm'sche Gesetz*:

$$\text{Widerstand} = \frac{\text{Spannung}}{\text{Stromstärke}} \qquad R = \frac{U}{I} \qquad \text{Ohm}\,(\Omega) = \frac{\text{Volt (V)}}{\text{Ampere (A)}}$$

Daraus folgt:
Je größer die Spannung, desto größer die Stromstärke bei gleichem Widerstand.
Je größer aber der Widerstand, desto kleiner die Stromstärke bei gleicher Spannung.

AUFGABEN

1. Ein Leiter hat bei der Stromstärke von 0,5 A den Widerstand 10 Ω. Wie hoch ist die Spannung?
2. Durch einen Leiter fließt elektrischer Strom mit der Stärke von 5 A und der Spannung von 120 V. Wie groß ist der Widerstand?
3. Ein Leiter hat den Widerstand von 25 Ω, an ihn wird die Spannung von 120 V angelegt. Wie groß ist die Stromstärke?

MERKE

Zwei Pole, der eine mit Elektronenüberschuss, der andere mit Elektronenmangel, bauen wegen ihrer Ladungsdifferenz elektrische Spannung auf. Um sie gegen ihre gegenseitige Anziehungskraft getrennt zu halten, ist Energie erforderlich. Werden die beiden Pole über leitende Drähte miteinander verbunden, gerät der Elektronenstrom in Bewegung, er fließt vom Minuspol zum Pluspol und entspannt die Situation. Die aufgewendete Energie steht dann zur Verfügung, um Arbeit zu verrichten.

Elektronen sind Ladungsträger und haben um sich herum elektrische Felder aufgebaut ebenso wie Magneten magnetische Felder, die auf alle elektrischen Körper durch Anziehung oder Abstoßung reagieren können.

Die Stromstärke ist die durch einen Leiter fließende Ladungsmenge pro Zeiteinheit. Leiter setzen dem Elektronenfluss kaum Widerstand entgegen, während Isolatoren den Stromfluss hemmen.

---

[15] Georg Simon Ohm (1789 – 1854), deutscher Physiker.

Ionenaustauscher

Das Arzneibuch schreibt vor, dass für die Herstellung nicht steriler Zubereitungen »Gereinigtes Wasser« (Aqua purificata) verwendet werden kann. Dies wird u. a. »unter Verwendung von Ionenaustauschern« aus Trinkwasser bereitet. Dazu wird normales Trinkwasser, das ionisierte Salze (Elektrolyte), wie z. B. Natriumchlorid oder Calciumsulfat enthält, durch einen Ionenaustauscher geleitet und damit demineralisiert. Um Ionen austauschen zu können, benötigt man Stoffe, die relativ leicht Ionen durch andere ersetzen können. Solche Stoffe sind Kunstharze. Die meist organischen Kunstharze sind kleine, oft bunte Kügelchen, an deren Oberfläche sich funktionelle Gruppen befinden, die H^+- und OH^--Ionen enthalten. Wird nun eine Flüssigkeit, die Ionen enthält, mit Ionenaustauschharzen vermischt, so werden Protonen und Hydroxylionen des Harzes gegen die Ionen des Trinkwassers ausgetauscht (Abb. 2.5-5).

Man unterscheidet *Kationenaustauscher* und *Anionenaustauscher*. Meist sind sie zusammen in einem Mischbett vorhanden. Es gibt auch Geräte, in denen der Kationen- und der Anionenaustauscher nacheinander getrennt durchströmt werden (Abb. 2.5-5).

Elektrolythaltiges Wasser leitet elektrischen Strom, der Widerstand gegen seinen Durchfluss ist sehr klein, die Leitfähigkeit des Wassers also groß. In dem Maße, wie das Wasser durch den Ionenaustauscher entsalzt wird, steigt der Widerstand, die Leitfähigkeit des Wassers nimmt ab und der Reinheitsgrad des Wassers zu. Das heißt, je weniger Ionen im Wasser vorhanden sind, desto größer ist der elektrische Widerstand und desto reiner (demineralisierter, entsalzter) ist das Wasser.

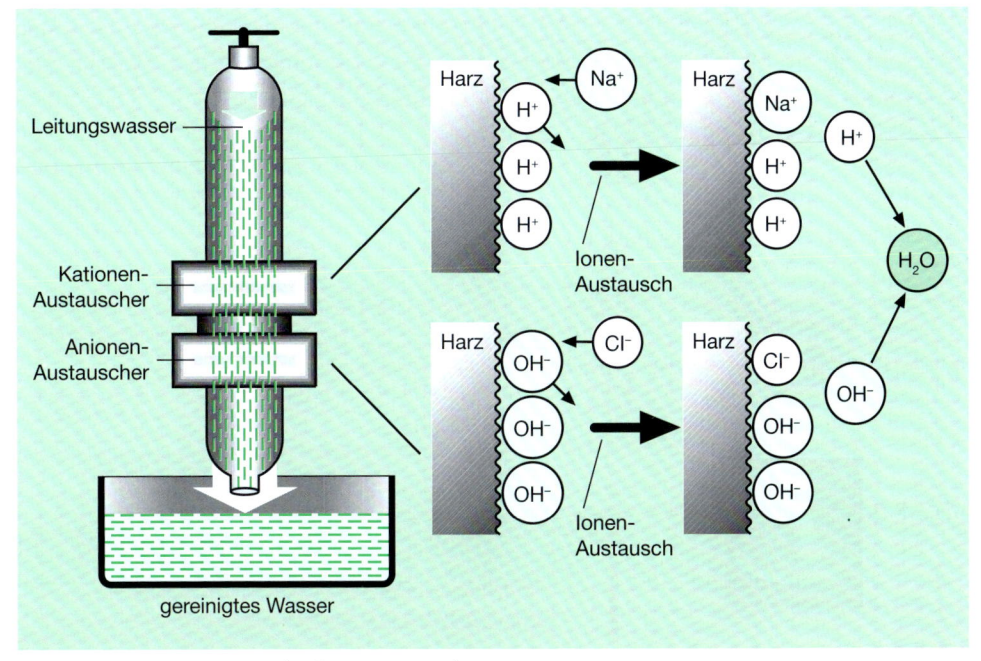

Abb. 2.5-5: Funktionsweise des Ionenaustauschers

Die Leitfähigkeit wird in Mikrosiemens[16] (µS) gemessen. So haben die handelsüblichen Mischpatronen zur Herstellung »Gereinigten Wassers« einen Leitfähigkeitsmesser, dessen Zeiger sich bei ständigem Gebrauch allmählich vom grünen (gar keine oder geringe Leitfähigkeit) in den roten (große Leitfähigkeit: Der Ionenaustauscher ist erschöpft) Bereich bewegt. Der Ionenaustauscher muss dann mit Säure und Lauge regeneriert werden.

Potentiometrische Bestimmung des pH-Wertes

Chemische Grundlagen

Der pH-Wert[17] gibt die Wasserstoff-Ionenkonzentration c[H^+] einer wässrigen Lösung an; er wird als negativer dekadischer (also mit der Basis 10) Logarithmus der H^+-Ionenkonzentration mit der Einheit mol/l beschrieben. H^+-Ionen sind jedoch nicht existenzfähig, da ihre Ladung im Verhältnis zu ihrer Größe zu hoch ist. Sie lagern sich daher an jeweils ein Molekül Wasser zu H_3O^+-Ionen an.

$$2 H_2O = H_3O^+ + OH^-$$
vereinfacht: $H_2O = H^+ + OH^-$

$$K = \frac{[H_3O^+] \times [OH^-]}{[H_2O]^2}$$

$$[H^+] \times [OH^-] = K_w \times [H_2O]$$

K = Dissoziationskonstante des Wassers
K_w = Ionenprodukt des Wassers

Allerdings ist die Konzentration der H_3O^+-Ionen und damit auch der OH^--Ionen außerordentlich klein. Denn es liegen bei 25 °C in einem Liter Wasser, der 55,6 mol H_2O-Moleküle enthält, nur 1×10^{-7} mol H_3O^+-Ionen und 1×10^{-7} OH^--Ionen vor, d. h. Wasser ist neutral. Daraus ergibt sich das Ionenprodukt des Wassers von 10^{-14} ($10^{-7} \times 10^{-7}$); es bleibt bei gleicher Temperatur immer konstant. So reagiert eine Lösung mit c[OH^-] = 10^{-9} mol/l sauer, denn ihr pH-Wert ist 5, eine Lösung mit c[OH^-] = 10^{-5} mol/l alkalisch, denn ihr pH-Wert ist 9.

$K = \dfrac{10^{-7} \times 10^{-7}}{55,6} = 1,8 \times 10^{-16}$

$K_w = 10^{-7} \times 10^{-7} = 10^{-14}$

$[H_3O^+] = 10^{-7}$ mol/l
$[H_3O^+] = 1 \times 10^{-7}$ mol/l
pH = $- \log [H_3O^+]$
pH = 7

pH-Skala

0	1	2	3	4	5	6	7	8	9	10	11	12	13	14
←		zunehmend sauer					neutral		zunehmend alkalisch					→

---

16) Werner v. Siemens (1816 – 1892), Begründer der Elektrotechnik in Deutschland.
17) pH = Partialdruck der H+-Ionenkonzentration.

Elektrotechnische Grundlagen

Mit dem Begriff *Potentiometrie* bezeichnet man ein elektrochemisches Analyseverfahren. Im Prinzip geht es darum, einen Spannungsunterschied (Potenzialdifferenz) zu messen, der sich zwischen einer Mess- und einer Bezugselektrode aufgebaut hat. Ursache ist der Ionenfluss in der Elektrolyt-Lösung, in die beide Elektroden eintauchen. So ist eine pH-Bestimmung nichts anderes als eine elektrische Spannungsmessung. Das Arzneibuch schreibt die pH-Bestimmung mit einer Glaselektrode vor. Andere Methoden des Arzneibuches, die mit einem Potentiometer durchgeführt werden, sind Endpunktbestimmungen der Titrationen im wasserfreien Milieu.

Mit der »pH-Messung« möchte man speziell die Wasserstoff-Ionenkonzentration erfassen, um sagen zu können, wie sauer oder alkalisch eine Lösung ist. Zur visuellen Messung verwendet man Indikatoren. Das sind organische Substanzen, die je nach pH-Bereich ihre Farbe ändern. Das Arzneibuch schreibt bei der »Prüfung auf Identität« die Indikatormethode für den pH-Wert vor. Genauere Messergebnisse ($\pm$ 0,1 bis $\pm$ 0,01 pH), wie sie bei der »Prüfung auf Reinheit« verlangt werden, erhält man aber nur, wenn die Wasserstoff-Ionenkonzentration mit einem Potentiometer, auch pH-Meter genannt, gemessen wird.

Man braucht dazu als Messgerät ein *Voltmeter* und als Spannungsquelle eine *Glaselektrode* (Abb. 2.5-8 und 2.5-9), die über ein Verbindungskabel mit dem Voltmeter verbunden ist. Ein zusätzlicher elektronischer Messverstärker macht es möglich, die geringen Spannungsdifferenzen zwischen Mess- und Bezugselektrode erfassen zu können. Er vermittelt nicht die gemessene Voltzahl (mV), sondern zeigt gleich die pH-Werte auf dem Display an.

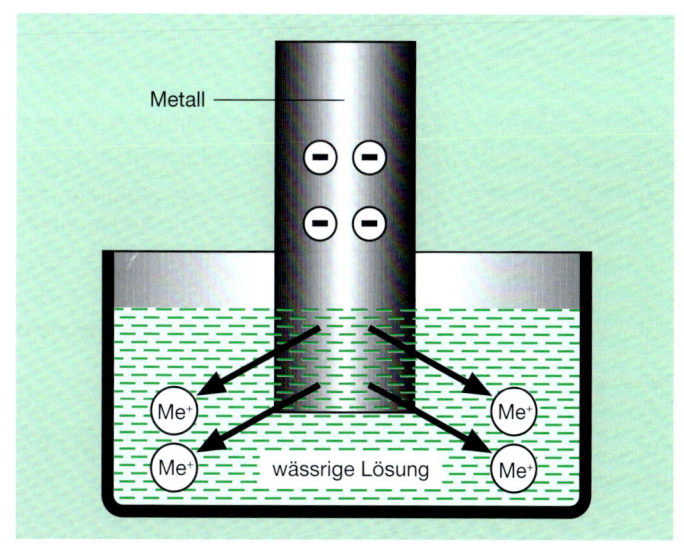

Abb. 2.5-6: Schematische Darstellung einer Elektrode

Elektroden
Als Elektrode bezeichnet man ganz allgemein ein System, bei dem ein elektrisch leitender, meist metallischer Teil in eine wässrige Salzlösung (Elektrolyt-Lösung) eintaucht. Dieser kommt mit positiv geladenen Kationen und negativ geladenen Anionen der Lösung in Kontakt und baut eine Spannung auf. Metallionen gehen als Kationen in Lösung (Abb. 2.5-6). Die Folge: Die zurückgebliebenen Elektronen laden das Metall negativ auf (Elektronenüberschuss), die Lösung dagegen reichert sich mit positiv geladenen Metallionen an (Elektronenmangel), die besten Voraussetzungen, sodass zwischen Metall und Lösung ein elektrisches Spannungspotenzial entsteht.

MERKE

Die Elektrode ist eine elektrochemische Spannungsquelle.

Kombiniert man zwei Elektroden in einem geschlossenen Stromkreis, so spricht man von einer Messkette. Die eine Elektrode ist die *Bezugselektrode* mit einem konstanten elektrischen Potenzial, mit dem der Wert der zweiten Elektrode »verglichen« wird. Die zweite Elektrode bezeichnet man als *Messelektrode*. Ihre elektrische Ladung ist von der Wasserstoff-Ionenkonzentration, also dem pH-Wert der zu bestimmenden Lösung abhängig (Abb. 2.5-7).

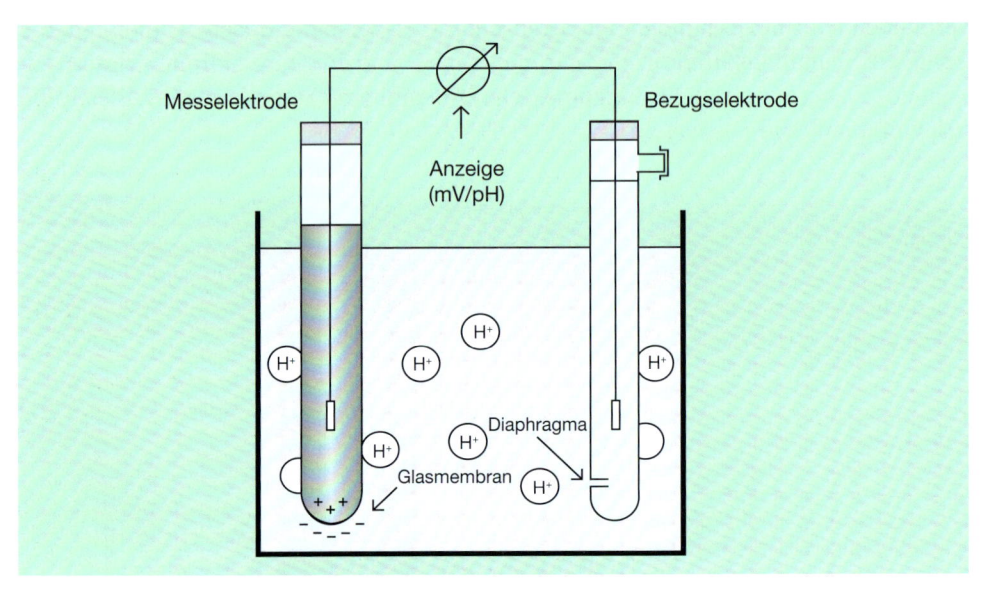

Abb. 2.5-7: Messkette zur potentiometrischen pH-Messung

Zur Messung der Wasserstoff-Ionenkonzentration von Lösungen hat sich unter den pH-empfindlichen Elektroden die *Glaselektrode* als Messelektrode durchgesetzt. Sie besteht aus einem speziellen Weichglas, das gegenüber wässrigen Elektrolytlösungen ein Spannungspotenzial aufbauen kann. Bisher ist nicht genau geklärt, wie

2 Messtechniken

das Potenzial an der Elektrode entsteht. Wahrscheinlich bildet Wasser auf der Oberfläche des Spezialglases eine hauchdünne »Quellschicht«, die bei der pH-Bestimmung wie ein Ionenaustauscher wirkt. So werden die Alkali-Ionen, die aus dem Glas stammen, gegen Protonen (= H^+-Ionen) der Messlösung ausgetauscht (Abb. 2.5-8).

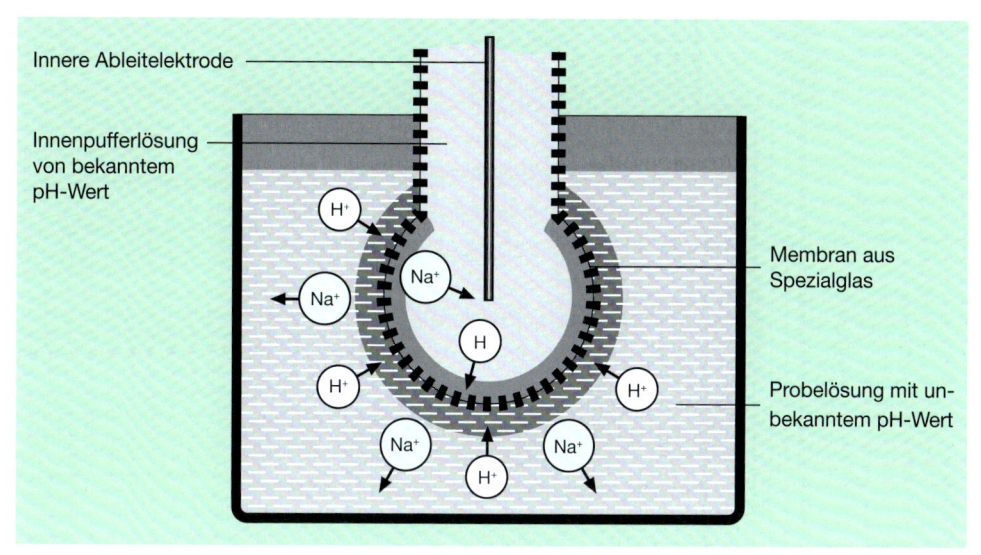

Abb. 2.5-8: Glaselektrode

Dadurch entsteht an der Grenzfläche zwischen Glas und Messlösung eine Elektronendifferenz und damit eine elektrische Spannung, deren Größe von der entsprechenden H^+-Konzentration und natürlich von der Temperatur der Messlösung abhängig ist, denn Wärme steigert die Dissoziation.

Heute wird zur pH-Messung eine kombinierte Glaselektrode verwendet, d. h. Bezugs- und Messelektrode sind in ein Glasrohr eingebaut (Abb. 2.5-9). Diese kompakte Konstruktion – sie wird auch als *Einstabmesselektrode* bezeichnet – lässt sich leicht handhaben und hat so enorme Vorteile gegenüber den getrennten Elektroden. Im Innenrohr befindet sich die Messelektrode. Im äußeren Mantelrohr ist die Bezugselektrode mit einem konstanten Spannungspotenzial vorhanden.

Der Spannungsunterschied zwischen Mess- und Bezugselektrode, das eigentliche Messsignal, ist der Wasserstoff-Ionenkonzentration proportional. Mit der Einstabmesskette kann man pH-Werte bis auf die zweite Stelle hinter dem Komma genau messen: 0,05 pH-Einheiten entsprechen 3 mV.

Große Spannungsdifferenz bedeutet, viele Protonen aus der Untersuchungslösung wurden gegen z. B. Natrium-Ionen aus dem Spezialglas ausgetauscht, d.h. auch, es liegt eine hohe Wasserstoff-Ionenkonzentration vor, und schließlich, das pH-Meter zeigt einen kleinen pH-Wert an, die Lösung ist sauer.

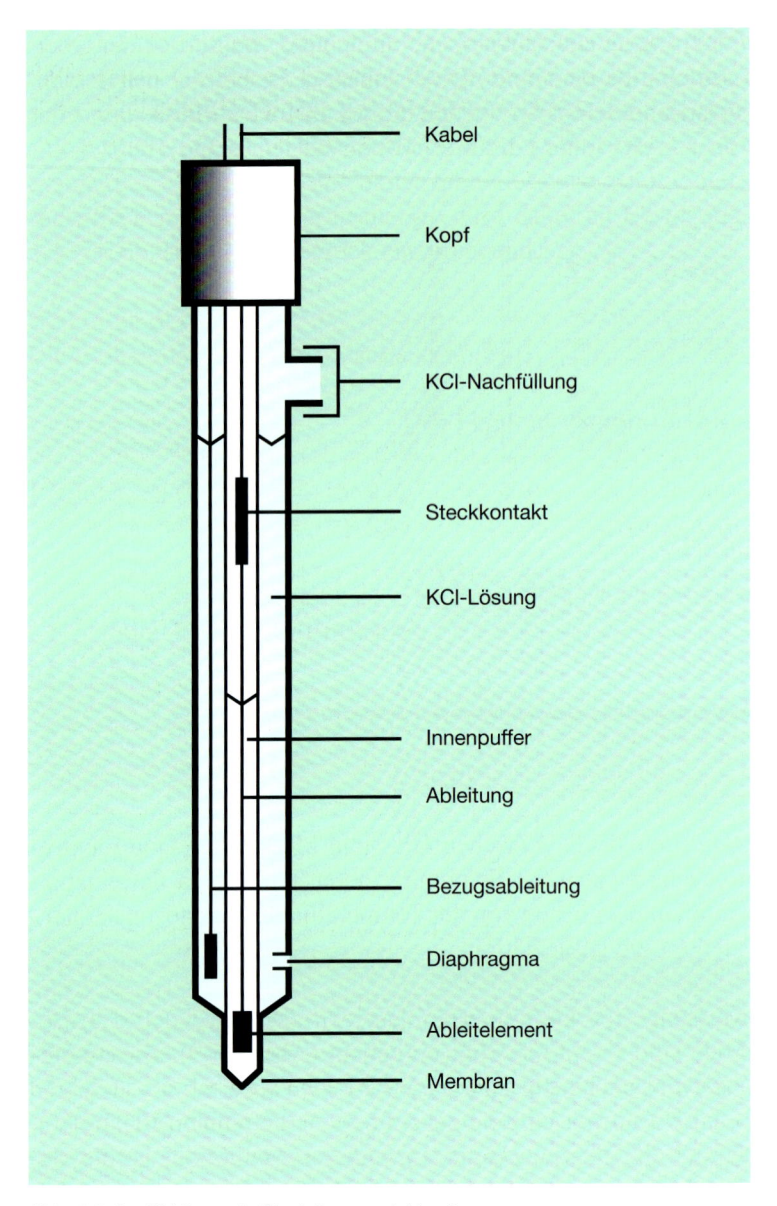

Abb. 2.5-9: pH-Meter als Einstabmesselektrode

Kalibrierung

pH-Elektroden müssen, bevor sie verwendet werden, kalibriert werden, d. h. die Geräte müssen in regelmäßigen Abständen an die vorgegebenen Standards angeglichen werden. Um bestmögliche Messwerte zu bekommen, werden bei der Kalibrierung zwei Dinge überprüft, die etwas über die Funktionstüchtigkeit der Elektroden aussagen:

1. Die *Steilheit (S)*:
   Sie gibt an, ob die Elektrode noch genügend Spannung liefert. Es muss also eine Steilheitseichung vorgenommen werden.
2. Die *Asymmetrie (UASY)*:
   Sie gibt an, ob der Zustand der Quellschicht (Alterung!) ausreichend ist.

Für die Kalibrierung werden als Standards sehr genau eingestellte Pufferlösungen verwendet, die mit dem Gerät geliefert werden. Die modernen Geräte bewerten die Kalibrierung automatisch (Abb. 2.5-10).

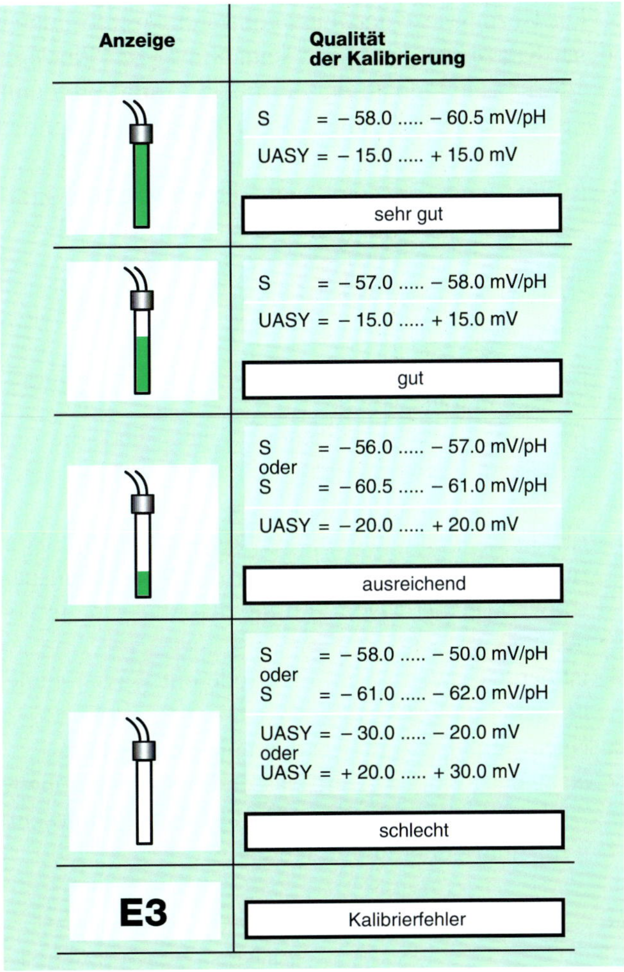

Anzeige	Qualität der Kalibrierung
	S = −58.0 ..... −60.5 mV/pH UASY = −15.0 ..... +15.0 mV **sehr gut**
	S = −57.0 ..... −58.0 mV/pH UASY = −15.0 ..... +15.0 mV **gut**
	S = −56.0 ..... −57.0 mV/pH oder S = −60.5 ..... −61.0 mV/pH UASY = −20.0 ..... +20.0 mV **ausreichend**
	S = −58.0 ..... −50.0 mV/pH oder S = −61.0 ..... −62.0 mV/pH UASY = −30.0 ..... −20.0 mV oder UASY = +20.0 ..... +30.0 mV **schlecht**
E3	**Kalibrierfehler**

Abb. 2.5-10: Qualität der Kalibrierung

Umgang mit Elektroden

1. Bezugselektroden und kombinierte Glaselektroden werden in einer Kaliumchlorid-Lösung vorgeschriebener Konzentration aufbewahrt, damit die Glasmembran gequollen bleibt.
2. Neue Glaselektroden oder solche, die längere Zeit trocken lagen, müssen vor Verwendung einige Stunden, besser noch Tage, in dieser Kaliumchlorid-Lösung aufbewahrt werden.
3. Nach jeder Messung werden die Elektroden gründlich mit demineralisiertem Wasser abgespült und mit feuchtem Filterpapier abgetupft.
4. Die Glasmembran ist sehr stoßempfindlich. Also Achtung bei Verwendung von Magnetrührern und deren rotierenden Magnetstäbchen.
5. Fällt die Einstabmesskette aus oder kommt die Anzeige zu langsam, könnte es sein, dass die messaktiven Teile verschmutzt sind. Die Hersteller empfehlen je nach Art der Verschmutzung in ihren Bedienungsanleitungen unterschiedliche Reinigungsmaßnahmen. Nach der Reinigung muss die Elektrode neu kalibriert werden, nachdem sie einige Zeit in Kaliumchlorid-Lösung gestanden hat.
6. Die Bezugselektrode muss vollständig mit Kaliumchlorid-Lösung vorgeschriebener Konzentration gefüllt sein. Nimmt der Flüssigkeitsspiegel ab, muss sie etwa alle 1 bis 2 Monate durch die Nachfüllöffnung aufgefüllt werden. Der Flüssigkeitsstand der Kaliumchlorid-Lösung muss über dem Niveau der Untersuchungslösung liegen.
7. Luftblasen in der Membrankugel werden durch kräftiges »Herunterschlagen« wie bei einem Fieberthermometer entfernt.

Messen einer Lösung mit der Einstabmesselektrode
(pH/mV WTW-Taschenmessgerät):
- Potentiometer mit der Messkette verbinden
- Messgerät einschalten
  Im Display erscheinen kurz Angaben über die Funktionsfähigkeit des Gerätes, wie Asymmetrie, Steilheit, Temperatur und die letzte Kalibrierung
- Verschlusskappe entfernen
- Elektrode spülen und in die Pufferlösung pH 7,00 eintauchen
  Im Display erscheint entweder die Messkettenspannung (mV) oder der Puffersollwert (pH 7). Dabei ruft die pH-Änderung um eine Einheit die Spannungsänderung von 59 mV hervor
- Ist der Messwert stabil, Elektrode mit Wasser spülen und in die Messlösung eintauchen
- Nach einiger Zeit den stabilen pH-Wert ablesen
- Nach der Reinigung mit Wasser, Verschlusskappe wieder aufsetzen
- Aufbewahrung in Kaliumchlorid-Lösung vorgeschriebener Konzentration
- Bedienungsanleitung beachten

Potentiometrische Titration

Im Verlauf der Titration einer Lösung mit Ionen lassen sich deren Konzentrationsänderungen durch Messung der Spannungsänderungen bestimmen. Die Spannungsdifferenz ist direkt proportional dem Volumen der zugesetzten Maßlösung. Auf die Kalibrierung des Gerätes kann in diesem Fall verzichtet werden. Chemisch handelt es sich in der Regel um Protonenverschiebungen (Neutralisationen) oder Elektronenverschiebungen (Redox-Reaktionen). Die Änderungen des Potenzials werden während der Titration in ein Koordinatensystem gegen die zugegebene Maßlösung in Millilitern aufgetragen. So entsteht eine *potentiometrische Titrationskurve*. Entscheidend ist hier nicht das Elektrodenpotenzial selbst, sondern die sprunghafte Veränderung des Potenzials am Äquivalenzpunkt (Potenzialsprung), der das Ende der Titration anzeigt. Ein Potentiograph, bestehend aus einem Voltmeter und einem Schreiber, zeichnet den Titrationsverlauf automatisch auf (Abb. 2.5-11).

Für die Endpunktbestimmung ist bei Titrationen im Prinzip das gleiche Messgerät erforderlich wie zur pH-Bestimmung, also eine Einstabmesskette. Das elektrische Potenzial der Messelektrode ist hier nicht empfindlich gegenüber Wasserstoffionen wie bei der pH-Messung, sondern reagiert auf die Konzentration bestimmter Ionenarten. Ionenselektive Elektroden haben ionenselektive Membranen.

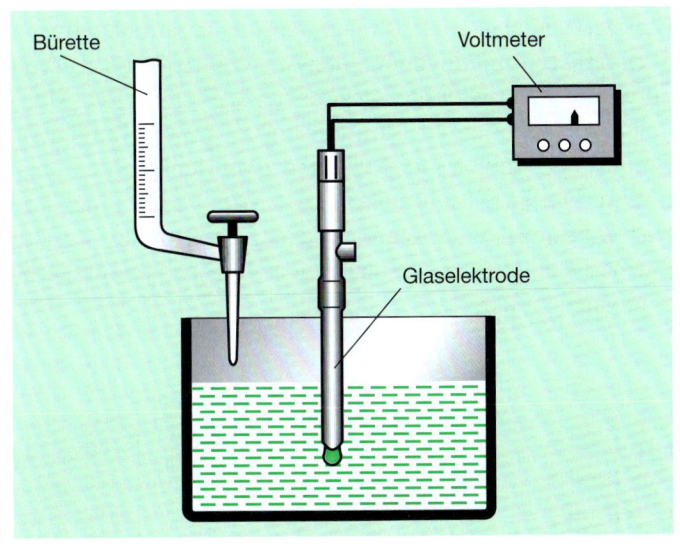

Abb. 2.5-11: Potentiograph

Titrationsverlauf

1. Die zu titrierende Lösung wird mit einem Magnetrührer bewegt, die anfängliche Spannung am Gerät abgelesen.
2. Die Titration beginnt: Die ml-Anteile der Maßlösung werden gegen den Endpunkt der Titration immer kleiner, z. B. 0,2-ml-Schritte. Nach dem Potenzialsprung wird so lange weitertitriert, bis sich auf dem Diagramm nach dem steilen Kurvenanstieg der Endteil der Kurve symmetrisch zu ihrem Anfangsteil fortsetzt. Symme-

trische Kurven erhält man, wenn beide Titrationspartner im gleichen Mol-Verhältnis miteinander reagieren. Andernfalls werden sie asymmetrisch.

Heute verwendet man Geräte mit modernen elektronischen Schaltungen. Die Potenziale werden in mV oder, wenn es sich beispielsweise um eine pH-Messung handelt, der gemessene pH-Wert digital angezeigt. Mit automatischen Büretten erreicht man die gleichmäßige Zugabe der Maßlösung. Ein Schreiber zeichnet die Kurve automatisch auf.

Auswertung der potentiometrischen Titrationskurve

Zeichnerische Auswertung
Symmetrische Kurven werden nach der *Tangentialmethode* ausgewertet (Abb. 2.5-12). Der Äquivalenzpunkt liegt auf dem Mittelpunkt des steilen Kurvenanstiegs. Dazu legt man eine Tangente irgendwo an die unterste Kurve an und verschiebt sie parallel, bis sie die nächste Kurve berührt. Der Abstand zwischen beiden Tangenten wird halbiert und eine dritte Parallele eingezeichnet. Deren Schnittpunkt mit der Titrationskurve ist der Äquivalenzpunkt.

Bei Redoxanalysen z. B. reagieren die Titrationspartner in unterschiedlichen Mol-Verhältnissen miteinander, sodass asymmetrische Kurven entstehen. Diese werden durch die *Kreismethode* ausgewertet (Abb. 2.5-12). Man legt an die obere und die untere Krümmung der Titrationskurve je zwei Tangenten an und errichtet an ihren Berührungspunkten mit der Kurve zwei Senkrechte, die sich in einem Schnittpunkt treffen. Dieser Schnittpunkt ist der Mittelpunkt eines Kreises, der sich ideal in die Kurvenkrümmung einschmiegt. Der Schnittpunkt der Titrationskurve mit einer Geraden, die entsteht, wenn man beide Kreismittelpunkte miteinander verbindet, ist der Äquivalenzpunkt.

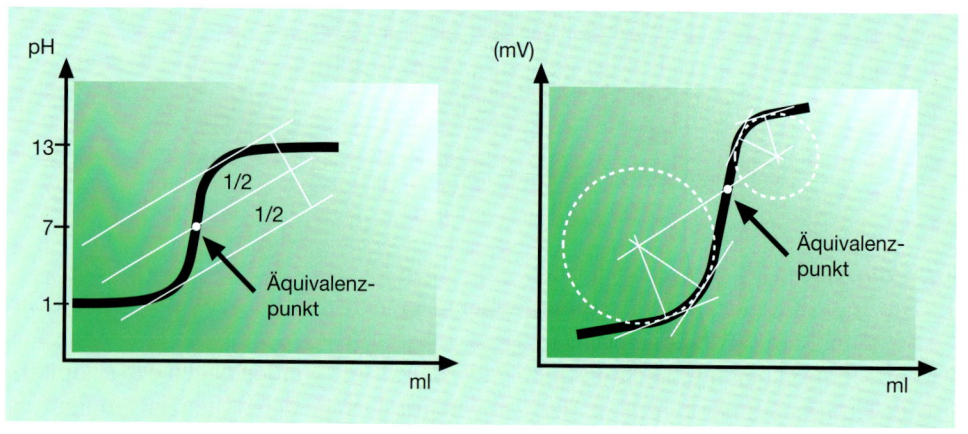

Abb. 2.5-12: Potentiometrische Titrationskurven

2 Messtechniken

Mathematische Auswertung

Gesucht ist die Menge Milliliter Maßlösung, die den Potenzialsprung ausgelöst hat, der wiederum der Endpunkt der Titration ist. Nach Tabelle 2.5-1 werden die Differenzen der einzelnen Messwerte ermittelt und der Verbrauch nach *Hahn* und *Weiler* ermittelt.

Tab. 2.5-1: Mathematische Auswertung einer potentiometrischen Titration

Verbrauch (V) ml	Potenzial mV	Potenzialdifferenz mV	
10,0	170		
10,1	175	5	
10,2	195	20	größter Sprung
10,3	245	50	Differenz zum Sprung: 30 mV
10,4	265	20	
10,5	270	5	

BEISPIEL

Aus dem Diagramm ergeben sich folgende Werte:

Verbrauch Maßlösung (ml)	=	Verbrauch Maßlösung vor dem größten Potenzialsprung	+	Volumen der Einzelgabe Maßlösung (ml)	×	Potenzialdifferenz zum Sprung (mV) dividiert durch Summe der Potenzialdifferenzen

$$V = 10{,}20 \text{ ml} + 0{,}1 \text{ ml} \times \frac{30 \text{ mV}}{30 + 30 \text{ mV}}$$

$$V = 10{,}20 \text{ ml} + (0{,}1 \text{ ml} \times 0.5)$$

$$V = 10{,}25 \text{ ml}$$

Es wurden bei der Titration 10,25 ml Maßlösung bis zum Äquivalenzpunkt verbraucht.

3 Geräte zur Bestimmung der physikalischen Kennzahlen des Arzneibuches

3.1 ■ Bestimmung der Dichte

*Nun mach schon!
Deine Kugel ist auch nicht größer als meine.*

Physikalischer Hintergrund

Bestehen verschiedene Gegenstände aus gleichen Materialien, so gilt: Je größer das Volumen, desto größer die Masse. Bestehen diese aus unterschiedlichen Materialien, wie z. B. Eisen, Blei, Styropor, so werden sich bei gleichem Volumen unterschiedliche Massen und damit auch unterschiedliche Dichten ergeben.

Die Dichtebestimmung ist temperaturabhängig. Normalerweise nimmt das Volumen eines Stoffes mit steigender Temperatur zu, seine Dichte wird deshalb kleiner, weil sich die Moleküle bei gleicher Masse auf den größeren Raum verteilen, also weniger dicht gepackt sind.

Feste Körper mit der Dichte $\rho < 1$ [g/ml] schwimmen auf der Wasseroberfläche, solche mit der Dichte $\rho > 1$ [g/ml] gehen unter. Ist die Dichte des Wassers gleich der Dichte des Körpers, so schwebt er. Die Dichte einer Flüssigkeit ist von der Temperatur abhängig, bei der sie bestimmt wird (Tab. 3.1-1).

Tab. 3.1-1: Temperaturabhängigkeit der Dichte von Aceton

19 °C	20 °C	21 °C	22 °C	23 °C	
0,793	0,792	0,791	0,789	0,788	[g/ml]

Definition

Die *absolute Dichte* ρ (rho) ist der Quotient aus der Masse der zu untersuchenden Substanz, gewogen bei 20 °C, bezogen auf das Volumen von Wasser, gewogen bei 4 °C. Sie hat die Dimension $[\frac{g}{ml}]$[18]. Um vergleichbare Messwerte zu erhalten, müssen die Volumina beider, also der Substanz und des Wassers, gleich sein. Da 1 Gramm

---

[18] Nach Ph. Eur. 6.0 ist als Dimension $[\frac{kg}{m^3}]$ beschrieben; sie ist allerdings ungebräuchlich. Beide Dimensionen unterscheiden sich durch den Faktor 1000.

Wasser bei 4 °C praktisch das Volumen von 1 Milliliter hat, ist diese Forderung bei einem geeichten Pyknometer von beispielsweise 10 ml Volumen erfüllt. Es genügt dann, die Massen der Untersuchungssubstanz und von Wasser zu wiegen.

$$\rho^{20} = \frac{m}{V} \quad \left[\frac{g}{ml}\right]$$

ρ = absolute Dichte
m = Masse in g (Gramm)
V = Volumen in ml (Milliliter)

Das Europäische Arzneibuch hat für die Dichtebestimmung bei Flüssigkeiten den Begriff der *relativen Dichte d* (density) eingeführt und folgendermaßen definiert:

Werden die absoluten Dichten der zu untersuchenden Substanz, gemessen bei 20 °C, und von Wasser, im Gegensatz zur absoluten Dichte ebenfalls gemessen bei 20 °C, ins Verhältnis gesetzt, ergibt sich, wenn die Volumina von Substanz und Wasser ($V_S = V_W$) gleich sind, die relative Dichte. Sie ist ohne Einheit.

$$d_{20}^{20} = \frac{\rho \text{ der Substanz}}{\rho \text{ des Wassers}}$$

$$d = \frac{\frac{m_S}{V_S}}{\frac{m_W}{V_W}} = \frac{m_S}{V_S} \times \frac{V_W}{m_W} = \frac{m_S}{m_W}$$

Umrechnung der absoluten in die relative Dichte

Die absolute Dichte von Wasser bei 20 °C beträgt $\rho = 0{,}9982$ g/ml.

$$d = \frac{\rho \text{ der Substanz}}{\rho \text{ des Wassers}} = \frac{\rho_S}{0{,}9982} = \rho_S \times \frac{1}{0{,}9982} = \rho_S \times 1{,}0018$$

Umrechnung der relativen in die absolute Dichte

$$d = \rho_S \times 1{,}0018$$

$$\rho_S = \frac{d}{1{,}0018}$$

Pyknometer

Die relative Dichte wird mit dem Pyknometer bestimmt. Es ist ein auf Rauminhalt und Bezugstemperatur geeichtes Glasgefäß mit einem festgelegten Volumen, z. B. 10 ml. Der eingeschliffene Glasstopfen ist in der Mitte durchbohrt (Abb. 3.1-1).

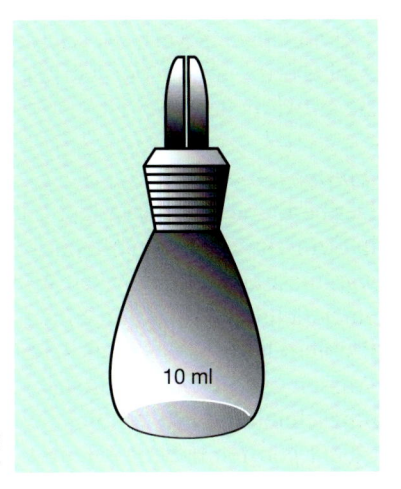

Abb. 3.1-1: Pyknometer

Durchführung der Messung

1. Die Temperatur der zu bestimmenden Flüssigkeit und des Wassers dürfen höchstens um 0,5 Grad von 20 °C abweichen. Dies wird am besten mit einem Thermostat erreicht.
2. Das trockene Pyknometer wird auf der Analysenwaage gewogen.
3. Das Pyknometer darf nicht mit den Fingern angefasst werden, um die Erwärmung der Füllung und Fingerabdrücke zu vermeiden.
4. Das Pyknometer wird mit demineralisiertem Wasser blasenfrei gefüllt und gewogen.
5. Die »Flüssigkeitskuppe« auf der Kapillare muss jedesmal entfernt werden, z. B. mit Filterpapier.
6. Die Kapillare muss bis oben hin gefüllt sein. Es ist bei der Entfernung der Flüssigkeitskuppe darauf zu achten, dass das Filterpapier nicht Teile der Flüssigkeit aus der Kapillare mitnimmt.
7. Das Wasser wird ausgegossen, das Pyknometer getrocknet und dann mit der Flüssigkeit gefüllt, deren Dichte bestimmt werden soll, und gewogen.
8. Die Nettomassen (Wasser und Substanz) werden ermittelt und daraus die relative Dichte errechnet.

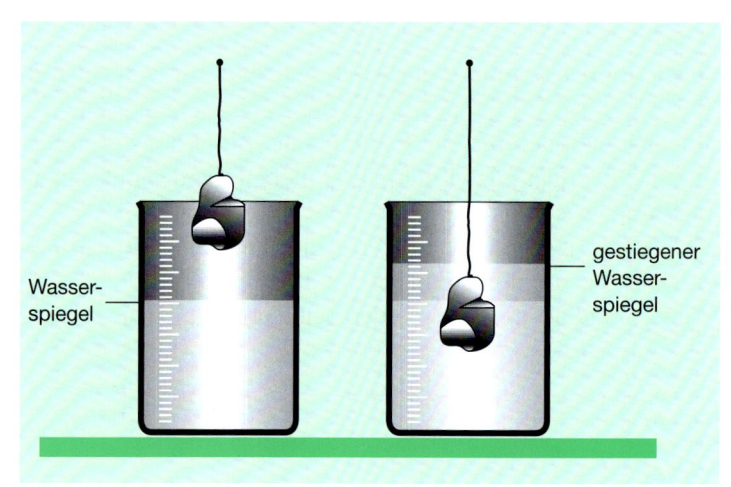

Hydrostatische Waage

Die Mohr-Westphal'sche Waage ist eine hydrostatische Waage, mit der sich schnell und leicht die absolute Dichte bestimmen lässt. Diese Bestimmung beruht auf dem »Prinzip des Archimedes«, wonach ein Körper, der in eine Flüssigkeit eintaucht, so viel an Gewicht verliert, wie das verdrängte Flüssigkeitsvolumen wiegt. Diese Gewichtskraft, um die der Körper scheinbar leichter wird, wird *Auftrieb* genannt, weil sie aufwärts gerichtet ist.

à propos Archimedes

Der berühmte Mathematiker und Mechaniker Archimedes lebte ca. 285 Jahre v. Chr. in Syrakus auf Sizilien. König Hieron II. von Syrakus, ein Freund des Archimedes, war misstrauisch geworden. War nun seine neue Goldkrone aus reinem Gold oder aus einer Goldlegierung mit einem minderwertigen Metall? Archimedes sollte dieses Problem lösen. Als er eines Tages in seine Badewanne stieg, die bis zum Rand mit Wasser gefüllt war, verursachte er eine mittlere Überschwemmung. Da kam ihm blitzschnell die Erleuchtung. Wie ein Besessener soll er aufgesprungen sein und beglückt gerufen haben: »Heureka!« (Ich hab's gefunden!). Des Rätsels Lösung war: Die Dichte eines Körpers ist die Masse seines Volumens. Man nimmt einen Klumpen Gold, der genausoviel wiegt wie die umstrittene Krone und lässt ihn in ein bis zum Rand gefülltes Wassergefäß eintauchen. Das überlaufende Wasser wird aufgefangen und gewogen. Dann wiederholt man den Vorgang mit der Krone. Wenn Goldklumpen und Krone die gleiche Wassermenge verdrängen, dann besteht die Krone aus reinem Gold, da kein anderes Metall die gleiche Dichte wie Gold hat. Die Geschichte endete tragisch, denn die Krone hatte ein größeres Volumen als der Goldklumpen (Abb. 3.1-2). Die Differenz des Wasserspiegels entspricht dem Volumen des eingetauchten Gegenstandes.

Abb. 3.1-2: Archimedisches Prinzip

3 Geräte zur Bestimmung der physikalischen Kennzahlen des Arzneibuches

Die Mohr-Westphal'sche Waage ist ein ungleicharmiger Hebel und misst aufgrund des Auftriebes eines gläsernen Senkkörpers bekannten Volumens die absolute Dichte einer Flüssigkeit (Prinzip des Archimedes). Der Senkkörper hängt an dem längeren Teil des Waagbalkens, während am kürzeren ein Gegengewicht angebracht ist, um den Hebel im Gleichgewicht zu halten (Abb. 3.1-3).

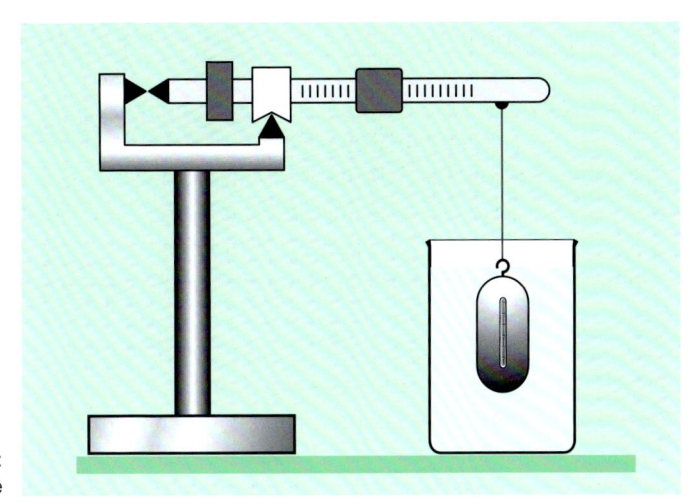

Abb. 3.1-3:
Mohr-Westphal'sche Waage

Der Ausgleich des Auftriebs wird mit Reitern vorgenommen, die in absteigender Reihenfolge ihrer Größe in die Kerben des Waagebalkens eingehängt werden, bis dieser im Gleichgewicht ist. Das Gewicht des größten Reiters ist 1, er ist für Dichten über 1 zweimal vorhanden. Das Gewicht des nächstkleineren Reiters beträgt 1/10 des größten. In absteigender Reihenfolge hat jeweils der nächstkleinere Reiter 1/10 des Gewichts des vorhergehenden. Abb. 3.1-4 und Abb. 3.1-5 geben an, wie die Reiter aufgehängt und der Dichtewert ermittelt werden.

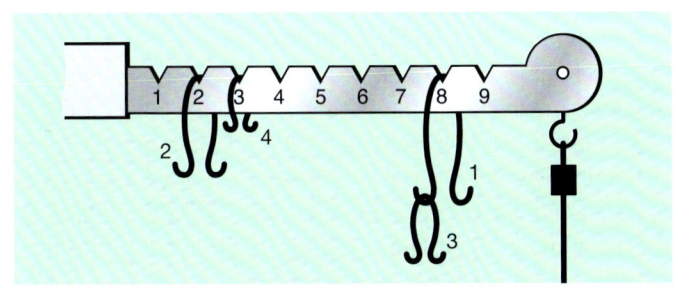

Abb. 3.1-4:
Ermittlung der absoluten Dichte einer Flüssigkeit

Dichte unter 1

Reiter Nr. 1 in Kerbe 8 = 0,8
Reiter Nr. 2 in Kerbe 2 = 0,02
Reiter Nr. 3 in Kerbe 8 = 0,008
Reiter Nr. 4 in Kerbe 3 = 0,0003
                         0,8283

ρ = 0,8283 [g/ml]

3.1 Bestimmung der Dichte

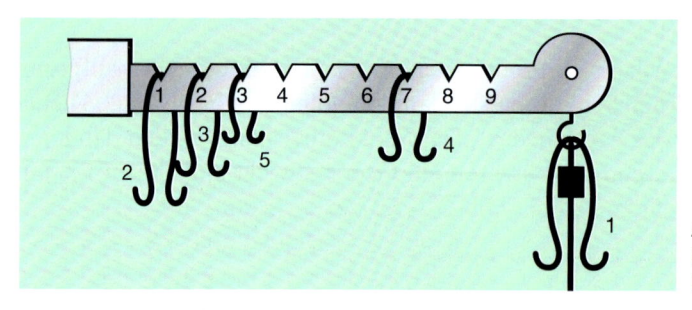

Abb. 3.1-5:
Ermittlung der absoluten Dichte einer Flüssigkeit

Dichte über 1	Reiter Nr. 1 am Senkkörper = 1,0
	Reiter Nr. 2 in Kerbe 1 = 0,1
	Reiter Nr. 3 in Kerbe 2 = 0,02
	Reiter Nr. 4 in Kerbe 7 = 0,007
	Reiter Nr. 5 in Kerbe 3 = 0,0003
	1,1273

$$\rho = 1{,}1273 \ [g/ml]$$

Umrechnung in relative Dichte: $d = 0{,}8283 \times 1{,}0018$
$d = 0{,}8297$
$d = 0{,}830$

Durchführung der Messung
1. Nulleinstellung, d.h. der Senkkörper wird in Luft gewogen und die Waage ins Gleichgewicht gebracht.
2. Der Senkkörper wird vollständig in die Flüssigkeit von 20 °C eingetaucht. Folge: Die Waage gerät aufgrund des Auftriebs aus der Balance.
3. Die Temperatur der Flüssigkeit, deren Dichte bestimmt werden soll, wird mit einem geeichten Thermometer, dessen Skala in 0,1 °C unterteilt ist, ermittelt. Hat die Flüssigkeit nicht genau 20 °C, können in einer Tabelle Korrekturwerte nachgeschlagen werden, die zum gefundenen Dichtewert je nach Temperatur addiert oder subtrahiert werden müssen. Man kann das Untersuchungsgut auch einige Zeit in eine Flüssigkeit mit genau 20 °C einstellen.
4. Der Auftrieb wird durch Verschieben der Reiter oder automatisch auf dem längeren mit Kerben versehenen Balken kompensiert. Folge: Die Waage ist wieder im Gleichgewicht.
5. Die Dichtewerte können nun direkt am Waagbalken abgelesen werden.
6. Anschließend wird durch Multiplikation des gefundenen Wertes mit 1,0018 in die relative Dichte umgerechnet.

Aräometer
Das Aräometer ist ein geeichter gläserner Senkkörper (Spindel), der an beiden Seiten zugeschmolzen ist (Abb. 3.1-6). Im unteren Ende ist das Gerät mit Bleischrot gefüllt. Es ist gerade so schwer, dass es in der zu untersuchenden Flüssigkeit senkrecht ste-

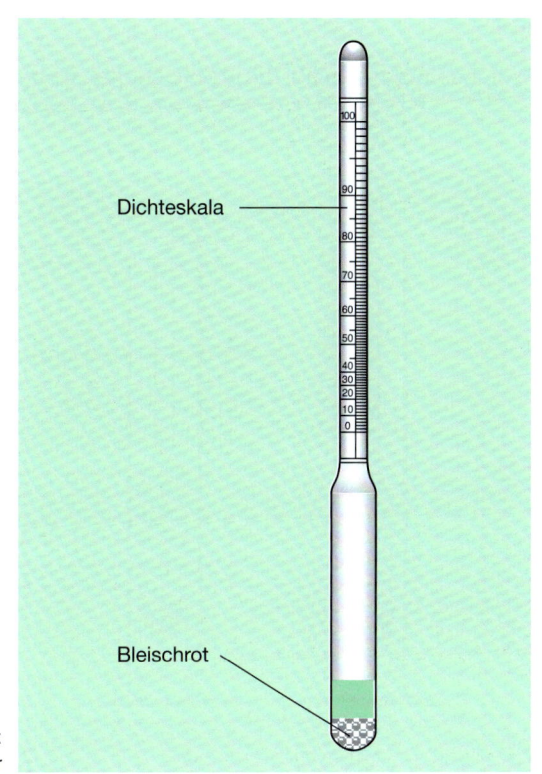

3 Geräte zur Bestimmung der physikalischen Kennzahlen des Arzneibuches

Abb. 3.1-6:
Aräometer

(Dichteskala, Bleischrot)

hend schwimmen kann. Führt man das Aräometer in eine Flüssigkeit ein, so erfährt es einen Auftrieb (Prinzip des Archimedes). Der Skalenteil taucht bis zum Dichtewert der Untersuchungsflüssigkeit ein. Er kann direkt an der Skala abgelesen werden.

Die Aräometer der Praxis sind auf verschiedene Flüssigkeiten geeicht. So gibt es z. B. *Alkoholmeter*, um den Alkoholgehalt, *Saccharimeter*, um den Rohrzuckergehalt, und *Urometer*, um die Dichte des Urins zu bestimmen.

Duchführung der Messung:
1. In der Flüssigkeit dürfen keine Luftblasen vorhanden sein.
2. Die auf 20 °C temperierte Flüssigkeit wird in einen Standzylinder gefüllt.
3. Das entsprechende Aräometer wird langsam in die Flüssigkeit eingesenkt. Es muss frei schwimmen und darf die Wand des Standzylinders nicht berühren.
4. Die Dichte wird am Skalenteil in Höhe der Flüssigkeitsoberfläche mit drei Stellen hinter dem Komma und einer Abweichung von ± 0,002 $[\frac{g}{ml}]$ abgelesen. Die vierte Stelle hinter dem Komma kann nur geschätzt werden. Die Flüssigkeitsoberfläche muss sich bei der Ablesung in Augenhöhe befinden.

AUFGABE

Welche Flüssigkeit hat die größte Dichte, wenn alle Spindeln gleich sind (Abb. 3.1-7)?

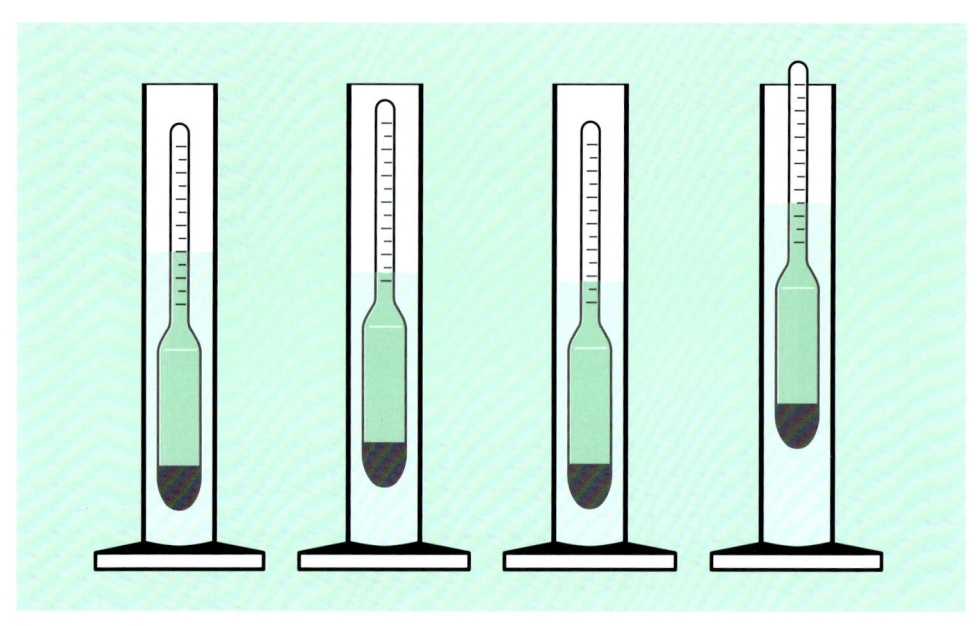

Abb. 3.1-7. Ermittlung der absoluten Dichte einer Flüssigkeit

3.2 ■ Bestimmung der Viskosität

Physikalischer Hintergrund
Nach dem Arzneibuch wird die *dynamische* Viskosität der Flüssigkeiten bestimmt. Darunter versteht man die innere Reibung der Flüssigkeitsteilchen. Die Viskosität η (Eta) ist eine wichtige Stoffkonstante für die Identifizierung und Ermittlung der Reinheit von Flüssigkeiten.

Man kann sie sich anhand folgenden Gedankenexperiments vorstellen:
Zwischen einer feststehenden Bodenplatte und einer schwimmenden oberen Platte mit der Fläche A, beide Platten befinden sich im Abstand d voneinander, ruht eine Flüssigkeit, die man sich aus ebenen Schichten aufgebaut denken muss (Abb. 3.2-1). Wird nun die obere Platte mit der Geschwindigkeit v in eine Richtung verschoben, so gehen die Flüssigkeitsteilchen, die aufgrund ihrer Adhäsionskräfte an der Plattenfläche haften, schichtweise mit. Die Moleküle oder Molekülaggregate der tieferen Schichten jedoch, durch Kohäsionskräfte miteinander verbunden, bremsen diese Be-

3 Geräte zur Bestimmung der physikalischen Kennzahlen des Arzneibuches

wegung ab. Je weiter die Teilchen von der bewegten Platte entfernt sind, umso mehr wird ihre Geschwindigkeit abgebremst. Grund ist die innere Reibung, die die Moleküle der Flüssigkeit gegeneinander entwickeln. Diese innere Reibung, die die Zähigkeit einer Flüssigkeit ausmacht, nennt man Viskosität.

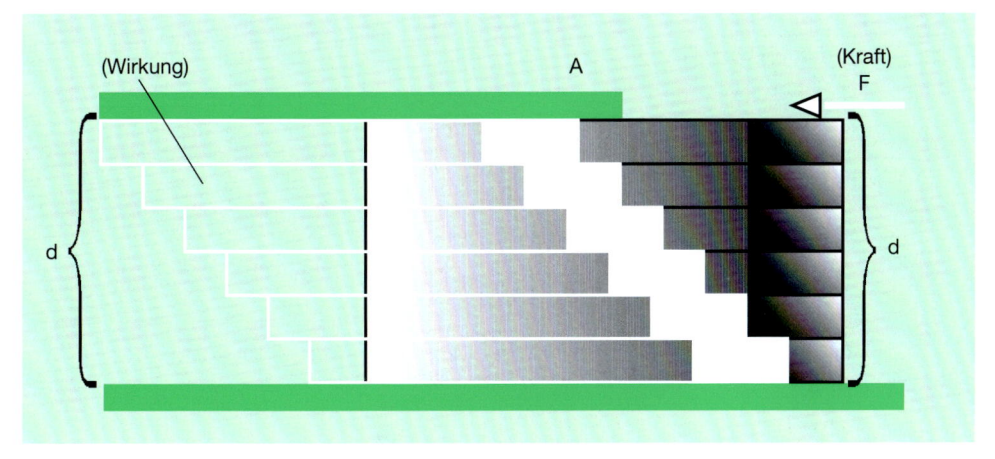

Abb. 3.2-1. Bewegung einer Flüssigkeit zwischen zwei Platten

Es muss also eine Kraft F aufgewandt werden, um diese innere Reibung zu überwinden. Je viskoser, also zähflüssiger, eine Flüssigkeit ist, umso mehr Kraft muss aufgewandt werden. Dabei ist einsichtig, dass die Viskosität einer Flüssigkeit von ihrer Temperatur abhängig sein muss. Je höher die Temperatur ist, um so geringer sind wegen der gesteigerten Molekularbewegung die Adhäsions- und Kohäsionskräfte der Moleküle. Die Einheit der dynamischen Viskosität ist die *Pascalsekunde (Pa × s)*. Tabelle 3.2-1 gibt die dynamischen Viskositäten einiger Flüssigkeiten an. Leichtfließende, also dünnflüssige Stoffe, wie z. B. Ether, Ethanol, Wasser, bezeichnet man als *niederviskos*, zähfließende, wie z. B. Schleim, als *hochviskos*.

Tab. 3.2-1: Dynamische Viskosität einiger Flüssigkeiten

Flüssigkeit (20 °C)	Viskosität h (Millipascalsekunde)
Wasser	1,0
Blut (37 °C)	4 bis 15
Dünnflüssiges Paraffin	25 bis 80
Dickflüssiges Paraffin	110 bis 230
Marcrogol 4000	110 bis 170
Macrogol 35 000	11 000 bis 14 000
Teer	1 000 000

AUFGABE

Warum wünscht man sich als Autofahrer im Winter wie im Sommer eine konstante Viskosität der Motoröle?

Berechnung der Viskosität:

$$\eta = \frac{F \times d}{A \times v} \frac{[N \times m]}{[m^2 \times \frac{m}{s}]} = \frac{N \times s}{m^2} = Pa \times s \text{ (Pascalsekunde)}$$

F = Kraft, gemessen in Newton (N)
d = Abstand zwischen der oberen und der unteren Platte in Meter (m)
A = Plattenfläche (m^2)
v = Geschwindigkeit, in der die Platte verschoben wird, gemessen in Meter pro Sekunde ($m \times s^{-1}$)
η = Viskosität, gemessen in Pascalsekunde ($Pa \times s$) oder Millipascal-Sekunde ($mPa \times s$)

Bestimmungsmethoden

Kapillarviskosimeter nach Ubbelohde

Mit diesem Gerät misst man die Zeit, die eine bestimmte Flüssigkeitsmenge braucht, um eine Kapillare von bekannter Länge und bekanntem Durchmesser zu durchfließen. Das Kapillarviskosimeter ist geeignet für die Viskositätsmessung der *ideal-viskosen*, sogenannten *Newton'schen* Flüssigkeiten. Das sind Flüssigkeiten ohne merkliche Viskosität, also niederviskos, die nicht zusammengedrückt werden können und eine konstante Dichte haben. *Strukturviskose* Flüssigkeiten, sogenannte *Nicht-Newton'sche* Flüssigkeiten, sind plastisch (thixotrop), haben kein konstantes Volumen und können mit diesem Gerät nicht gemessen werden. Der Viskosimetersatz nach Ubbelohde besteht aus vier verschiedenen Geräten, die sich im Durchmesser des Messrohres unterscheiden. Je nach der voraussichtlichen Viskosität der zu bestimmenden Flüssigkeit wird das geeignete Gerät ausgewählt (Tab. 3.2-2).

Tab. 3.2-2: Größen und Messbereiche des Ubbelohde-Viskosimetersatzes

Kapillar-Nr.	Geräte-Konstante	Messbereich in mPa × s
I	0,01002	1,2 bis 10
II	0,100	10 bis 100
III	1,000	100 bis 1000
IV	10	1000 bis 10000

3 Geräte zur Bestimmung der physikalischen Kennzahlen des Arzneibuches

Das Kapillar-Viskosimeter nach Ubbelohde besteht aus drei Teilen (Abb. 3.2-2):
– dem Hilfsrohr (1),
– dem Messrohr (2) mit den beiden Messmarken (3, 4), der Kapillare (5), dem Vorlaufgefäß (6), dem Niveaugefäß (11) und
– dem Füllrohr (7) mit dem Vorratsgefäß (8) und den Füllstandsmarken (10).

1 Hilfsrohr
2 Messrohr
3 Obere Messmarke
4 Untere Messmarke
5 Kapillare
6 Vorlaufgefäß
7 Füllrohr mit Füllstandsmarken
8 Vorratsgefäß
9 Messgefäß
10 Füllstandsmarken
11 Niveaugefäß

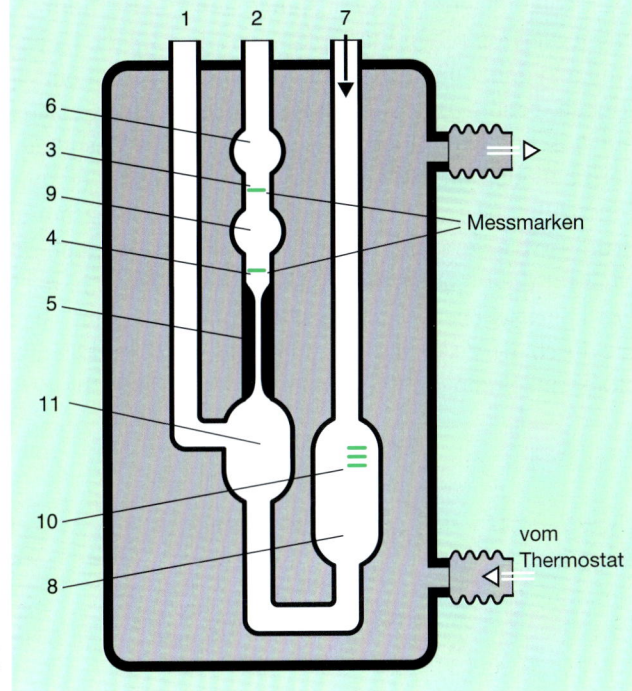

Abb. 3.2-2: Kapillarviskosimeter nach Ubbelohde

Durchführung der Messung
1. Das Gerät muss sorgfältig gereinigt und trocken sein.
2. Die Untersuchungsflüssigkeit wird durch das Füllrohr (7) eingefüllt, bis die Flüssigkeit zwischen den Füllstandsmarken (10) im Vorratsgefäß (8) steht.
3. Das ganze Viskosimeter wird bis knapp über das Vorlaufgefäß (6) in ein Wasserbad von $20 \pm 0{,}1\,°C$ gestellt. Ein Thermostat hält die gewünschte Temperatur konstant. Die Temperierzeit beträgt etwa 15 Minuten.
4. Die Untersuchungslösung wird durch das Messrohr (2) mit einem Gummischlauch so weit angesogen, bis das Vorlaufgefäß (6) gefüllt ist. Das Hilfsrohr (1) wird während des Ansaugens mit einem angefeuchteten Finger verschlossen.
5. Nach der Füllung wird der Ansaugschlauch abgeklemmt, bis die Messung beginnt.
6. Das Hilfsrohr (1) wird wieder geöffnet. Die Zeit, die die Untersuchungsflüssigkeit von der oberen Messmarke (3) zur unteren Messmarke (4) fließt, wird mit einer Stoppuhr auf 0,2 Sekunden genau gemessen.
7. Aus mindestens drei Messungen wird der Mittelwert gebildet. Zwei aufeinanderfolgende Messungen dürfen höchstens 1 % voneinander abweichen.

Fehlerquellen
- Ist das Gerät richtig temperiert?
- Ist alles richtig beobachtet worden?
- Ist die Zeit richtig gemessen worden?

Rotationsviskosimeter

Das Rotationsviskosimeter eignet sich zur Bestimmung der Newton'schen und der Nicht-Newton'schen Flüssigkeiten (Abb. 3.2-3). Es besteht aus einem feststehenden Außenzylinder und einem Innenzylinder. Der Innenzylinder, von einem Motor angetrieben, rotiert. Beide Zylinder sind über einen elastischen Draht miteinander verbunden (Federkupplung). Die zu messende Flüssigkeit, die sich zwischen den Zylindern befindet, bremst aufgrund ihrer Viskosität (= innere Reibung) den rotierenden Innenzylinder. Dadurch wird die Federkupplung um einen bestimmten Winkel verdrillt (= verschoben). Dieser »Nacheilwinkel«, auch Torsionswinkel genannt, ist das Maß für die Frequenzdifferenz des Antriebs, d. h. die Umdrehungsgeschwindigkeit des angetriebenen Innenzylinders ohne Messgut ist größer als die Drehfrequenz, die durch die Viskosität der eingefüllten Flüssigkeit abgebremst worden ist. Der Torsionswinkel und die Drehfrequenz des Antriebs bestimmen die Viskosität.

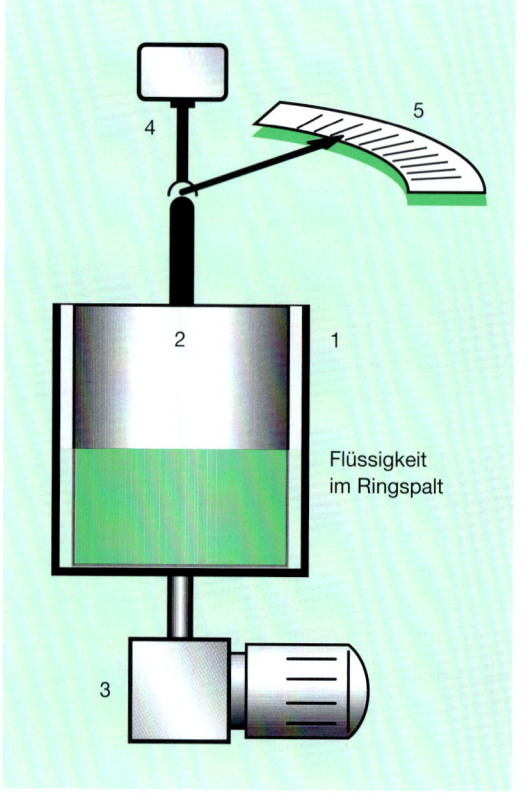

1 Feststehender Außenzylinder
2 Rotierender Innenzylinder
3 Elektromotor mit einstellbarer Drehzahl
4 Federkupplung, an der der rotierende Innenzylinder aufgehängt ist
5 Skala, an der der »Nacheilwinkel« = Torsionswinkel abgelesen wird
Großer Drehwinkel = hohe Viskosität
Kleiner Drehwinkel = niedere Viskosität

Flüssigkeit im Ringspalt

Abb. 3.2-3:
Schematische Darstellung des Rotationsviskosimeters

3 Geräte zur Bestimmung der physikalischen Kennzahlen des Arzneibuches

Die Viskosität berechnet sich nach der Formel:

$$\eta = \frac{k \times M}{W} \ [Pa \times s]$$

η = dynamische Viskosität
k = Gerätekonstante
M = Torsionswinkel, gemessen in $N \times m$
W = Winkelgeschwindigkeit (Drehfrequenz) je Sekunde

3.3 ■ Thermische Kennzahlen

Physikalischer Hintergrund
Alle Stoffe bestehen aus Atomen oder Molekülen. Diese kleinsten Einheiten sind in ständiger Bewegung, sie haben Bewegungsenergie (s. Seite 22, 47), die der Anziehungskraft der Teilchen untereinander (s. Seite 31) entgegenwirkt. In welchem Aggregatzustand, ob gasförmig, flüssig oder fest, sich eine Substanz befindet, hängt weitgehend davon ab, ob die Kohäsionskräfte ihrer Moleküle größer sind als ihre kinetische Energie. Es kommt also auf die äußeren Bedingungen an, in welchem Aggregatzustand ein Stoff vorliegt.

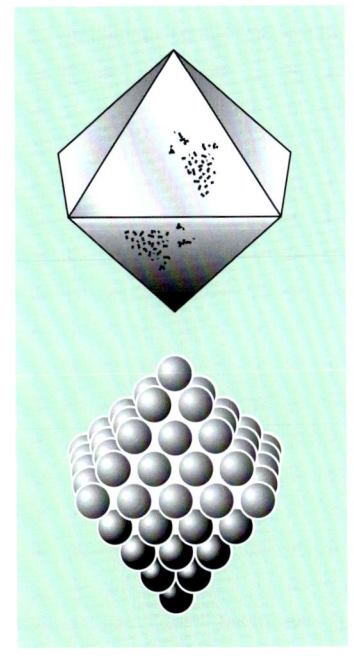

Abb. 3.3-1.
Fester Aggregatzustand

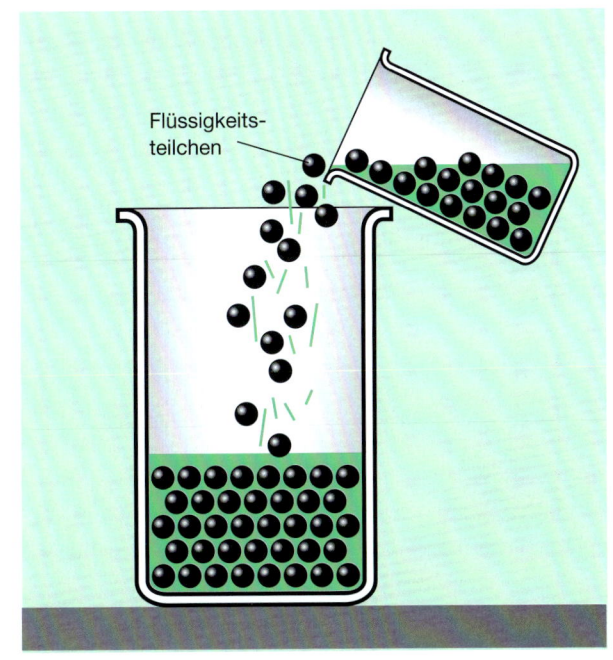

Abb. 3.3-2.
Flüssiger Aggregatzustand

Jeder der drei Aggregatzustände kann durch Energiezufuhr bzw. Energieentzug in die beiden anderen überführt werden. Der *feste* Zustand ist die energieärmste Form. Die Teilchen haben geringe Eigenbewegung, stehen dicht an dicht und sind regelmäßig im Raum angeordnet. Der Stoff hat eine bestimmte Form (Abb. 3.3-1).

Führt man dem festen Stoff Wärmeenergie zu, nimmt seine kinetische Energie zu, die sich in Bewegungsenergie seiner Teilchen äußert. Die Teilchen schaffen sich größere Abstände zueinander und hängen nicht mehr so eng zusammen. Die Gitterordnung wird zerstört, sodass die Teilchen sich gegenseitig weniger anziehen. Die Substanz schmilzt. Sie wird *flüssig* und hat keine besondere Form mehr (Abb. 3.3-2).

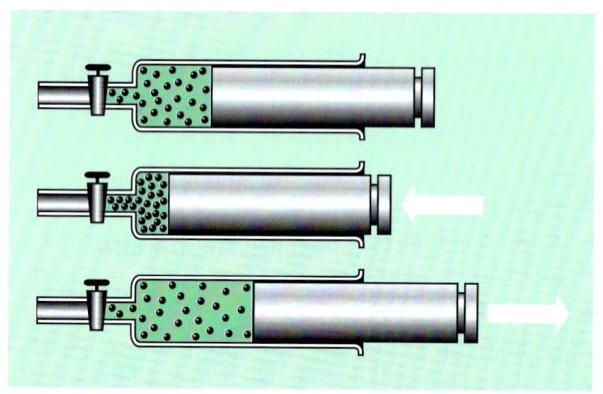

Abb. 3.3-3.
Gasförmiger Aggregatzustand

Bei weiterer Zufuhr von Wärmeenergie wird die kinetische Energie so groß, dass die Anziehungskräfte der Teilchen komplett überwunden werden. Sie sind in ständiger regelloser Bewegung. Die Flüssigkeit verdampft. Im *gasförmigen* Zustand nimmt der Stoff jede Raumgröße ein, die sich ihm bietet (Abb. 3.3-3).

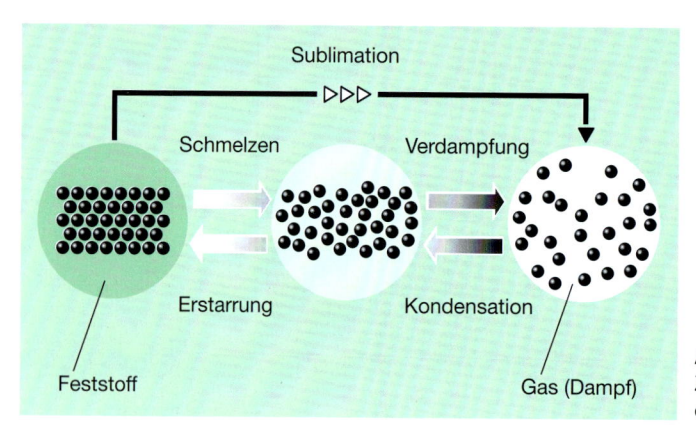

Abb. 3.3-4.
Zustandsformen eines Stoffes

Geht ein Stoff vom festen Aggregatzustand unter Umgehung des flüssigen in den gasförmigen über, so nennt man diesen Vorgang *Sublimation* (Abb. 3.3-4).

3 Geräte zur Bestimmung der physikalischen Kennzahlen des Arzneibuches

Bestimmung der Schmelztemperatur

Die Temperatur, bei der eine Substanz vom festen in den flüssigen Zustand übergeht, wird als Schmelztemperatur bezeichnet. Einige organische Stoffe schmelzen unter Zersetzung, d.h. sie ändern unter Gasentwicklung ihre Farbe und verpuffen. Die Bestimmung der Schmelztemperatur wird im Arzneibuch als Reinheitsprüfung gefordert, sie kann aber auch zur Identifizierung eines Stoffes herangezogen werden. Sehr oft sind im Arzneibuch auch Schmelzbereiche angegeben. Die Schmelztemperatur muss immer im Zusammenhang mit der Methode betrachtet werden, nach der sie bestimmt worden ist, da die Werte je nach Apparatur unterschiedlich ausfallen können, obwohl es sich um die gleiche Substanz handelt. Bisweilen wird vorgeschrieben, dass die Substanz vorher getrocknet werden muss.

Reine, organische Substanzen haben meistens einen scharfen Schmelzpunkt. Soweit Verunreinigungen vorhanden sind, können diese durch ein bestimmtes Herstellungsverfahren bedingt sein, weil aus verfahrenstechnischen Gründen Ausgangs- und Zwischenprodukte vorhanden sind, die sich nicht restlos abtrennen lassen. Ist die Substanz mit anderen organischen Substanzen verunreinigt, wird die Schmelztemperatur niedriger sein als die der reinen Substanz. Man nennt dies *Schmelzpunktdepression*.

Neben den im Arzneibuch vorgeschriebenen Geräten zur Bestimmung des Schmelzpunktes werden vom pharmazeutischen Bedarfsgroßhandel auch Vollautomaten angeboten (Abb. 3.3-5). Mit ihnen lassen sich Schmelzpunkte bis zu 360 °C bestimmen. Die Schmelzpunktröhrchen werden in der gleichen Weise vorbereitet, wie im Abschnitt »Apparatur nach Thiele« beschrieben (s. Seite 86). Das Gerät heizt bis etwa 3 Grad unter die zu erwartende Temperatur auf und steigert diese dann um 1 Grad pro Minute, wie vom Arzneibuch vorgeschrieben. Die Schmelztemperatur wird auf einem Display angezeigt und kann gespeichert werden. Die Geräte können nicht geeicht und müssen daher vor Benutzung kalibriert werden (s. Seite 20). Dazu wird das Gerät vor Benutzung mit zertifizierten Referenzsubstanzen überprüft. Für jede der mindestens zwei zertifizierten Referenzsubstanzen werden 3 Kapillaren vorbereitet und der Mittelwert der drei Ergebnisse für jede Referenzsubstanz berechnet. (Ph. Eur. 6.1 : 2.2.60). Die zertifizierten Referenzsubstanzen können durch den pharmazeutischen Bedarfsgroßhandel bezogen werden.

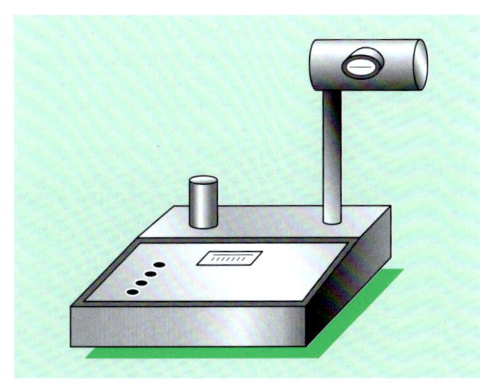

Abb. 3.3-5.
Vollautomatisches Gerät zur
Schmelzpunktbestimmung

MERKE

1 % fremde Beimengungen zu einer Substanz bewirken eine Schmelzpunktdepression von etwa 0,5 Grad.

Eutektisches Gemisch

Zwei oder mehrere Stoffe, in einem bestimmten Verhältnis miteinander gemischt (*eutektisches Gemisch*), haben bei einer bestimmten Temperatur auch einen scharfen Schmelzpunkt (*eutektischer Punkt*). Der eutektische Punkt ist der niedrigst mögliche Schmelzpunkt, den ein eutektisches Gemisch haben kann. Aus dem Schmelzdiagramm der Abb. 3.3-6 ist zu ersehen, dass der eutektische Punkt erreicht wird, wenn 68 % der Substanz A und 32 % der Substanz B miteinander gemischt werden. Der eutektische Punkt kann wie die Schmelztemperatur reiner Stoffe ebenfalls als Charakteristikum zur Reinheitsprüfung herangezogen werden.

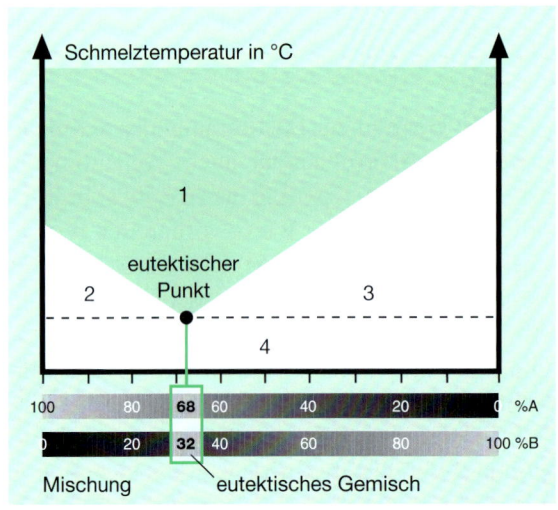

1 Homogene Schmelze
2 Festes A wird Schmelze
3 Festes B und Schmelze
4 Gemisch aus festen A und B

Abb. 3.3-6: Schmelzdiagramm eines eutektischen Gemischs

Bestimmung des »Klarschmelzpunktes« nach der Kapillarmethode

Unter Schmelztemperatur nach der Kapillarmethode versteht man die Temperatur, bei der das letzte feste Teilchen in einer Substanzsäule, die in einer Kapillare festgeklopft ist, in den flüssigen Zustand übergeht.

Apparatur nach Thiele
Die Thiele-Apparatur entspricht im Prinzip dem Spezialgerät des Arzneibuches, ist aber einfacher zu handhaben: Die Apparatur ist an einem Stativ befestigt, ebenso das entsprechende Thermometer, das in flüssiges Paraffin oder Silikonöl eintaucht (Abb. 3.3-7). Die fein verriebene Substanz wird etwa 3 mm hoch in eine Schmelzpunktkapillare eingebracht. Um die Hohlräume der Substanz, deren Schmelzpunkt

bestimmt werden soll, zu beseitigen, wird die Schmelzpunktkapillare mit dem verschlossenen Ende nach unten mehrere Male in einem etwa 1 m langen Glasrohr fallengelassen, bis die Substanz vollständig zusammengerutscht ist.

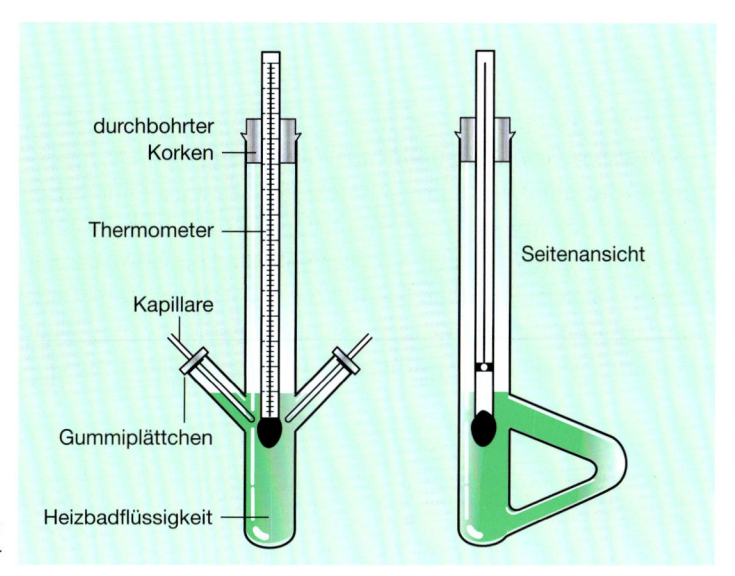

Abb. 3.3-7: Thiele-Apparatur

Die Kapillare wird so tief in eine der Seitenöffnungen der Thiele-Apparatur eingesenkt und mit einem Gummiplättchen fixiert, dass sie mit der Substanzsäule das Vorratsgefäß der Thermometerflüssigkeit berührt. Bis etwa 10 Grad unterhalb der Schmelztemperatur, die man erwartet, wird die Heizbadflüssigkeit am Bogen der Apparatur mit fächelnder Flamme langsam erwärmt. Anschließend wird die Aufheizgeschwindigkeit auf etwa 1 Grad pro Minute eingestellt, um eine gleichmäßige thermische Durchmischung der Heizbadflüssigkeit zu gewährleisten. Der Schmelzpunkt ist erreicht, wenn die Substanz klar geschmolzen ist (Abb. 3.3-8).

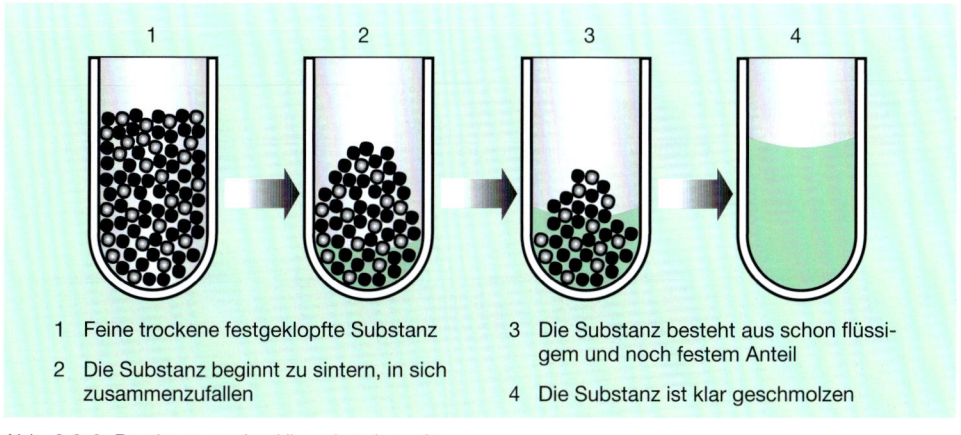

1 Feine trockene festgeklopfte Substanz
2 Die Substanz beginnt zu sintern, in sich zusammenzufallen
3 Die Substanz besteht aus schon flüssigem und noch festem Anteil
4 Die Substanz ist klar geschmolzen

Abb. 3.3-8: Bestimmung des Klarschmelzpunktes

MERKE

Nicht überhitzen. Bei der Füllung des Geräts mit Paraffin ist darauf zu achten, dass nicht zu viel eingefüllt wird. Denn während der anschließenden Erhitzung dehnt sich die Heizbadflüssigkeit aus, sodass sie überlaufen kann und außen am Gerät verbrennt.

Sofortschmelzpunktmethode mit dem Schmelzblock
Zur Bestimmung des Sofortschmelzpunktes wird fein verriebene Substanz auf einen erhitzten Metallblock aufgestreut. Der Metallblock besteht aus Messing, leitet die Wärme sehr gut, darf nicht von der Substanz angegriffen werden und muss eine glatt polierte Oberfläche haben (Abb. 3.3-9). An der Seite befindet sich eine zylindrische Bohrung, die weit genug ist, um ein entsprechendes Thermometer aus dem *Anschützsatz* waagerecht einführen zu können. Dabei muss der eingeführte Teil des

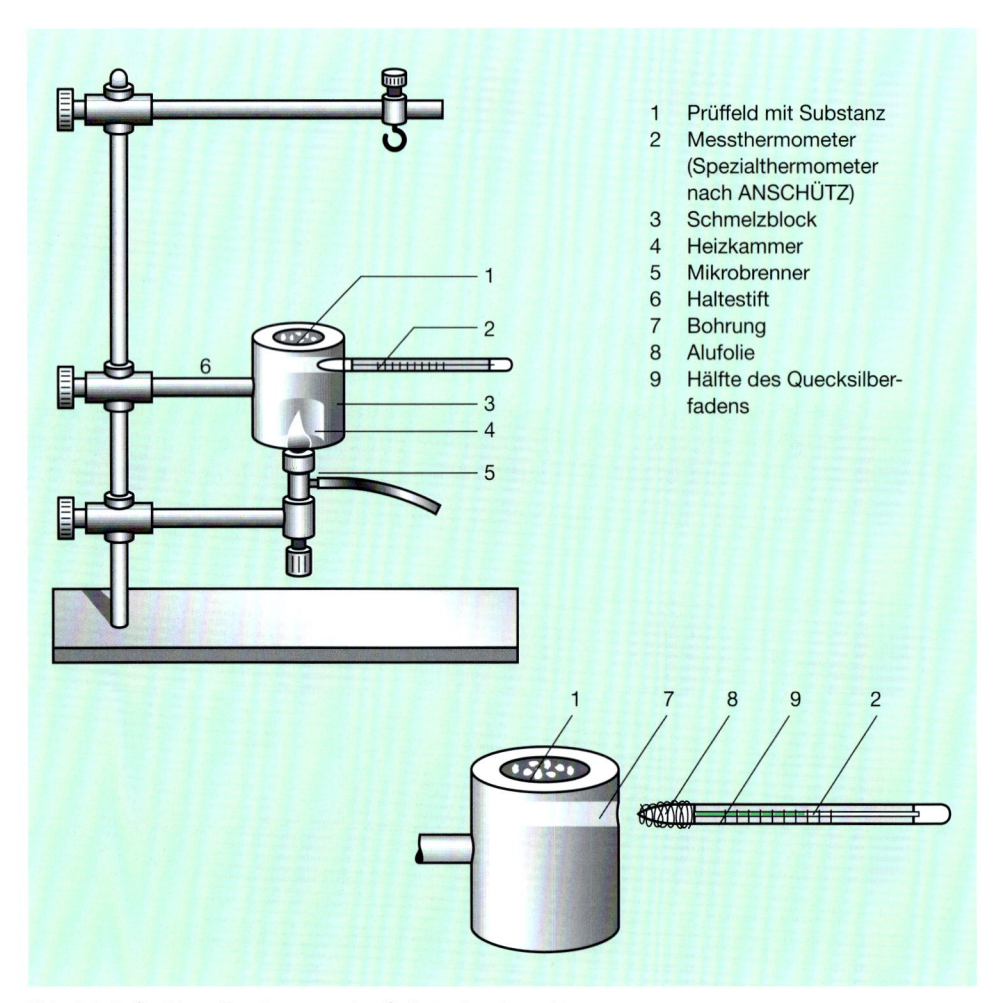

1	Prüffeld mit Substanz
2	Messthermometer (Spezialthermometer nach ANSCHÜTZ)
3	Schmelzblock
4	Heizkammer
5	Mikrobrenner
6	Haltestift
7	Bohrung
8	Alufolie
9	Hälfte des Quecksilberfadens

Abb. 3.3-9: Gerät zur Bestimmung des Sofortschmelzpunktes

3 Geräte zur Bestimmung der physikalischen Kennzahlen des Arzneibuches

Thermometers mit Aluminiumfolie umwickelt werden, damit Glas und Metall sich nicht berühren. Das Thermometer würde sonst brechen. Um das Gerät zu kalibrieren, kann man den Sofortschmelzpunkt mit Referenz-Substanzen bestimmen (Ph. Eur. 6.0 : 2.2.16). Die Appatur kann mit Referenzsubstanzen oder bekannten Schmelzpunkten kalibriert werden.

Der Schmelzblock wird schnell mit einem Mikrobrenner auf etwa 10 Grad unterhalb der zu erwartenden Schmelztemperatur erhitzt und dann die Aufheizgeschwindigkeit auf 1 Grad pro Minute reguliert. In regelmäßigen Abständen werden nun einige Kristalle der gepulverten Substanz auf den Block gestreut und immer wieder abgewischt, bis sie zu schmelzen beginnt. Dann wird die Temperatur t_1 abgelesen. Anschließend wird die Heizquelle abgeschaltet. Wenn immer wieder aufgestreute Kristalle der Substanz nicht mehr sofort schmelzen, wird die Temperatur t_2 abgelesen. Der Sofortschmelzpunkt ergibt sich aus der Formel:

$$t_s = \frac{t_1 + t_2}{2}$$

t_s = Sofortschmelzpunkt.
t_1 = Temperatur, die abgelesen wird, wenn die Substanz zum ersten Mal sofort schmilzt.
t_2 = Temperatur, die abgelesen wird, wenn die Substanz nicht mehr sofort schmilzt, nachdem der Metallblock nicht mehr aufgeheizt wurde.

Bestimmung des Steigschmelzpunktes

Der Steigschmelzpunkt wird bei Fetten und fettähnlichen Substanzen bestimmt (Abb. 3.3-10). Diese haben, da sie Gemische mit möglicherweise polymorphen Modifikationen (vielgestaltige Zustandsformen) sind, bei Erwärmung keinen exakten Schmelzpunkt, sondern zerfließen allmählich. Der Steigschmelzpunkt ist die

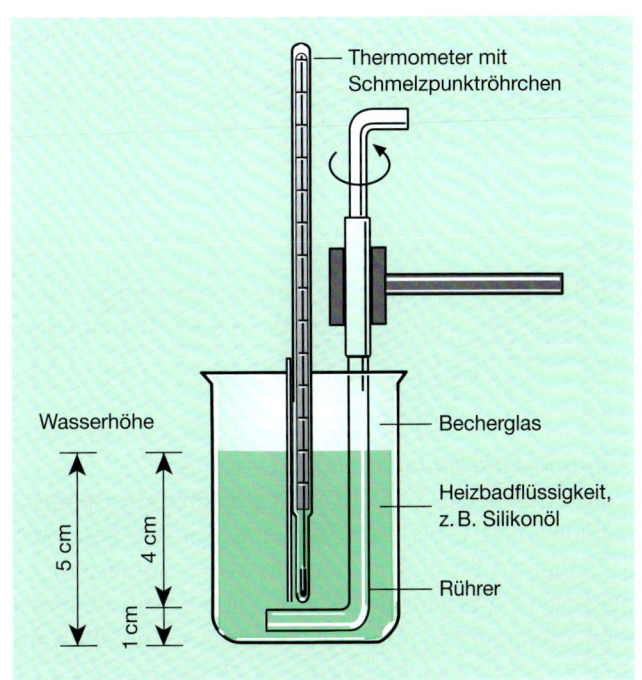

Abb. 3.3-10: Gerät zur Bestimmung des Steigschmelzpunktes

Temperatur, bei der die Adhäsion einer Fettsäule an der Wand einer beiderseits offenen Kapillare durch den hydrostatischen Druck der 4 cm hohen überstehenden Badflüssigkeit überwunden wird. Bei dieser Temperatur steigt dann die Fettsäule in der Kapillare hoch.

Durchführung der Messung
Fünf Glaskapillaren, beiderseits offen, werden je etwa 1 cm hoch mit dem zu prüfenden Fett beschickt. Dies wird in der Regel nur möglich sein, wenn man das Fett vorher schmilzt. Da das dann langsam in der Kapillare wieder erstarrende Fett verschiedene Modifikationen bilden kann, müssen die Versuchsbedingungen, wie sie in den Monographien des Arzneibuches beschrieben sind, genau eingehalten werden. Im Allgemeinen ist der Normalzustand nach 24-stündiger Aufbewahrung unterhalb 10 °C erreicht.

Zur Messung wird die Kapillare so am Thermometer befestigt, dass sich Substanz und Quecksilbergefäß in gleicher Höhe befinden. Das Becherglas wird so weit mit Wasser gefüllt, dass das Thermometer mit der Kapillare genau 4 cm in das Wasser eintaucht. Der Abstand vom Boden des Becherglases bis zum unteren Ende des Thermometers muss genau 1 cm betragen. Die gesamte Wasserhöhe beträgt also 5 cm. Es wird so erwärmt, dass sich die Temperatur des Wassers je Minute um 1 Grad erhöht. Die Temperatur, bei der die Fettsäule zu steigen beginnt, wird abgelesen. Der Steigschmelzpunkt ist das Mittel aus fünf Bestimmungen.

Bestimmung des Tropfpunktes
Fette als Triglyceride oder andere fettähnliche Substanzen haben im Gegensatz zu kristallinen Substanzen ein unscharfes Schmelzverhalten. Bei der Prüfung auf Reinheit ist daher die Stoffkonstante der Tropfpunkt. Es handelt sich um eine Konventionsmethode (Methode mit vereinbarten Bedingungen), d. h. der Tropfpunkt kann als Stoffkonstante nur herangezogen werden, wenn die Versuchsbedingungen genau eingehalten werden.

MERKE

Der Tropfpunkt wird als die Temperatur definiert, bei der sich der erste Tropfen einer schmelzenden Substanz unter definierten Bedingungen vom einem Probegefäß ablöst.

Tropfpunktthermometer nach Ubbelohde
Hierbei handelt es sich um ein sogenanntes Einschlussthermometer mit einem Messbereich von 0 °C bis 110 °C. Am unteren Teil dieses speziellen Thermometers ist eine Metallhülse befestigt, auf die eine zweite aufgeschraubt ist. Sie hat eine seitliche Öffnung zum Druckausgleich. Am Ende ist ein kleines Probengefäß aufgesteckt, das randvoll mit der zu prüfenden Substanz aufgefüllt werden muss. Das Probengefäß ist

3 Geräte zur Bestimmung der physikalischen Kennzahlen des Arzneibuches

unten offen. Das Quecksilbervorratsgefäß des Thermometers taucht direkt in die Probe ein. Die ganze Apparatur befindet sich in einem großen Reagenzglas, das als Luftbad wärmeisolierend wirkt (Abb. 3.3-11).

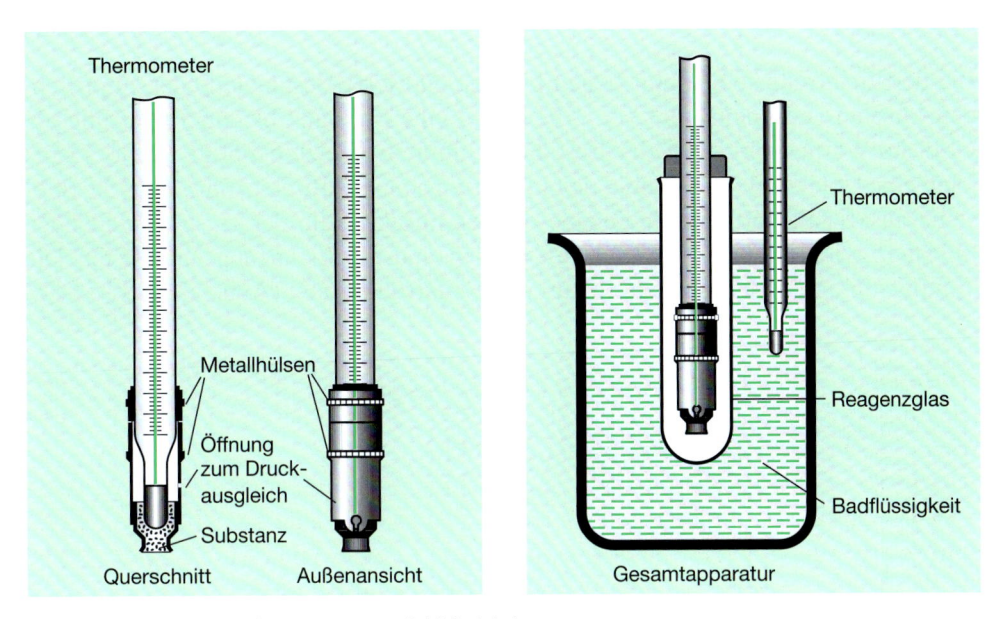

Abb. 3.3-11: Tropfpunktthermometer nach Ubbelohde

Durchführung der Messung
Das zu untersuchende Fett wird auf dem Wasserbad geschmolzen, auf etwa 50 °C abgekühlt und dann in das Probengefäß gegossen. Das Probengefäß wird auf das untere Ende des Tropfpunktthermometers geschoben und ausgetretene Substanz entfernt. Das zur Messung vorbereitete Gerät wird eine Zeitlang bei 15 bis 20 °C gelagert.

Die Badflüssigkeit, in die das Reagenzglas eintaucht, wird erwärmt. Etwa 10 Grad unterhalb des zu erwartenden Tropfpunktes wird die Wärmezufuhr so gedrosselt, dass die Temperatur nur noch um 1 Grad pro Minute ansteigt. Die Temperatur wird abgelesen, wenn der erste Tropfen aus dem Probengefäß fällt. Aus drei Messungen, deren Werte nur 3 Grad voneinander abweichen dürfen, ergibt sich der Mittelwert des Tropfpunktes.

Bestimmung der Erstarrungstemperatur
Die Erstarrungstemperatur wird zur Identifizierung oder Reinheitsprüfung einheitlich zusammengesetzter Substanzen bestimmt, die bei Zimmertemperatur flüssig sind oder sehr niedrige Schmelzpunkte haben. Dazu zählen z. B. Essigsäure 99 % (Eisessig) oder Macrogol 1000. Schon geringe Mengen an Verunreinigungen setzen den Erstarrungspunkt herab.

MERKE

> Die Erstarrungstemperatur ist die höchste Temperatur, die während der Erstarrung einer unterkühlten Flüssigkeit gemessen wird.

Bei der Erstarrungstemperatur liegen flüssige und feste Bestandteile der zu prüfenden Substanz nebeneinander vor. Kühlt man eine Substanz bis zur Erstarrung ab, wird die Wärmeenergie wieder frei, die zu ihrer Schmelze benötigt wurde. Dabei kann eine Unterkühlung bis unter den Erstarrungspunkt auftreten, ohne dass die Substanz auskristallisiert. Durch Zugabe einiger Impfkristalle der zu untersuchenden Substanz wird die Unterkühlung aufgehoben und die Erstarrung eingeleitet. Die Temperatur erhöht sich schlagartig auf den Erstarrungspunkt (Abb. 3.3-12).

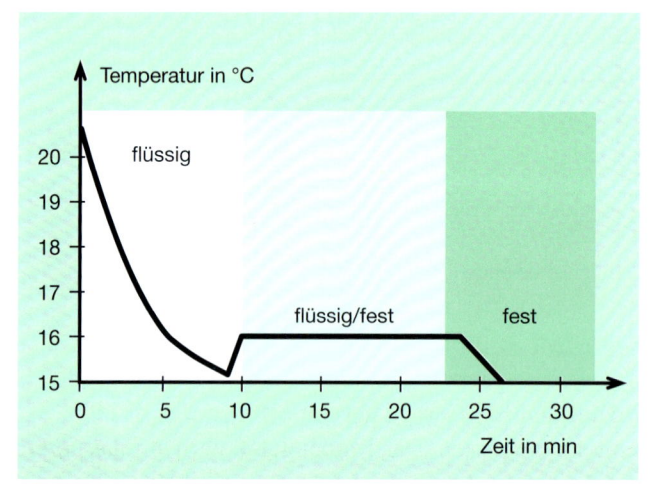

Abb. 3.3-12: Temperaturverlauf beim Erstarrungsvorgang

Gerät zur Bestimmung der Erstarrungstemperatur
Zwei koaxiale, miteinander verbundene Glasrohre sind entweder mit einer Planschliffplatte aus Glas oder einem Korken verschlossen (Abb. 3.3-13). In beiden Verschlüssen sind bis zu drei Durchbohrungen vorhanden, eine für den Rührer, eine für das Thermometer und eine, um Impfkristalle einführen zu können. Das äußere Glasrohr umschließt einen wärmeisolierenden Luftmantel.

Durchführung der Messung
Von der zu prüfenden Substanz wird so viel in das innere Rohr gegeben, dass das Quecksilbergefäß des Thermometers bedeckt ist. Das ganze Gerät wird in Eiswasser eingetaucht. Dabei hält man mit dem Rührer die zu prüfende Substanz in unaufhörlicher Bewegung, um eine gleichmäßige und langsame Abkühlung zu erreichen. Die Temperatur muss am Thermometer ständig kontrolliert werden. Sinkt sie etwa 2 Grad unter die erwartete Erstarrungstemperatur ab, wird die unterkühlte Schmelze mit

einem Impfkristall geimpft. Die Impfkristalle sind in einem Wägegläschen im Tiefkühlfach vorbereitet worden. Die Erstarrungstemperatur ist die höchste während der Bestimmung abgelesene Temperatur. Sie bleibt noch einige Zeit bestehen, bis sie dann weiter absinkt.

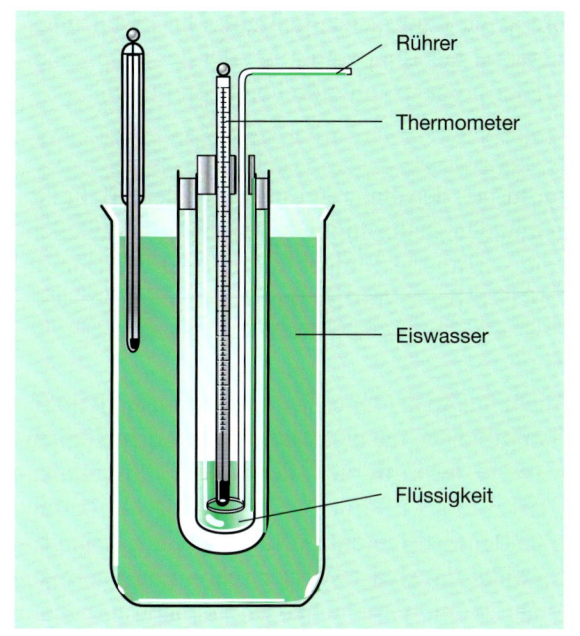

Abb. 3.3-13:
Gerät zur Bestimmung der Erstarrungstemperatur

Erstarrungstemperatur am rotierenden Thermometer
Das Deutsche Arzneibuch schreibt bei manchen Ausgangsstoffen die Bestimmung der Erstarrungstemperatur am rotierenden Thermometer vor, da sie keine exakte Erstarrungstemperatur haben, sondern nur über einen größeren Temperaturbereich erstarren. Hierzu zählen vor allem Wachse, Vaselin, Fette und fettähnliche Substanzen.

Durchführung der Messung
Die zu prüfende Substanz wird in einem Becherglas auf dem Wasserbad bis etwa 10 Grad oberhalb der zu erwartenden Erstarrungstemperatur geschmolzen. Auf die gleiche Temperatur bringt man ein Spezialreagenzglas, in dem sich ein 30 cm langes

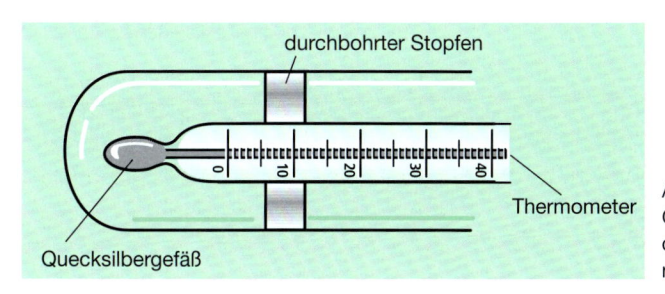

Abb. 3.3-14:
Gerät zur Bestimmung des Tropfpunktes am rotierenden Thermometer

Spezialthermometer befindet, das ein olivenförmiges Quecksilbergefäß hat und dessen Skala von 0 bis 100 °C, unterteilt in 0,5 °C, reicht. Mit der Olive des Thermometers wird aus der Schmelze ein Tropfen entnommen und das Thermometer in das Spezialreagenzglas wieder eingeführt (Abb. 3.3-14). In horizontaler Lage wird das Thermometer zusammen mit dem Luftbad und einer Geschwindigkeit von etwa einer Umdrehung in zwei Sekunden um seine Längsachse gedreht. Die Erstarrungstemperatur am rotierenden Thermometer ist die Temperatur, bei der der Tropfen soweit erstarrt ist, dass er sich mit dem Thermometer mitzudrehen beginnt.

Bestimmung der Siedetemperatur
Eine Flüssigkeit siedet, wenn ihr Dampfdruck den äußeren Luftdruck, der auf ihr lastet, überwindet. Sie geht vom flüssigen in den gasförmigen Zustand über. Nach dem Arzneibuch ist die Siedetemperatur die korrigierte Temperatur, bei der der Dampfdruck einer Flüssigkeit 101,3 kPa (= 1013 mbar = 760 Torr) erreicht.

Physikalischer Hintergrund
Beim Sieden entwickelt sich Dampf nicht nur an der Oberfläche, sondern auch im Inneren der Flüssigkeit. Es entstehen Dampfblasen, die erst nach oben steigen können, wenn ihr Druck mindestens so groß ist wie der Luftdruck, der auf der Flüssigkeitsoberfläche lastet (Abb. 3.3-15). Bei 101,3 kPa Luftdruck (= Normaldruck) beträgt die Siedetemperatur von Wasser 100 °C. Bei niedrigerem Luftdruck, wie z. B. in größeren Höhen auf den Bergen oder im Vakuum, siedet Wasser schon unterhalb von 100 °C, weil die Luftsäule, die über einer definierten Fläche steht, kleiner und damit ihr Druck niedriger ist.

Durch Energiezufuhr (Wärme) erhöht sich die Temperatur der Flüssigkeit und damit deren Dampfdruck (dunkler Pfeil) in ihrem Innern. Auf der Flüssigkeit lastet der äußere Luftdruck (weißer Pfeil).

Der Dampfdruck steigt.

Dampfdruck = äußerer Luftdruck. Die Flüssigkeit beginnt zu sieden.

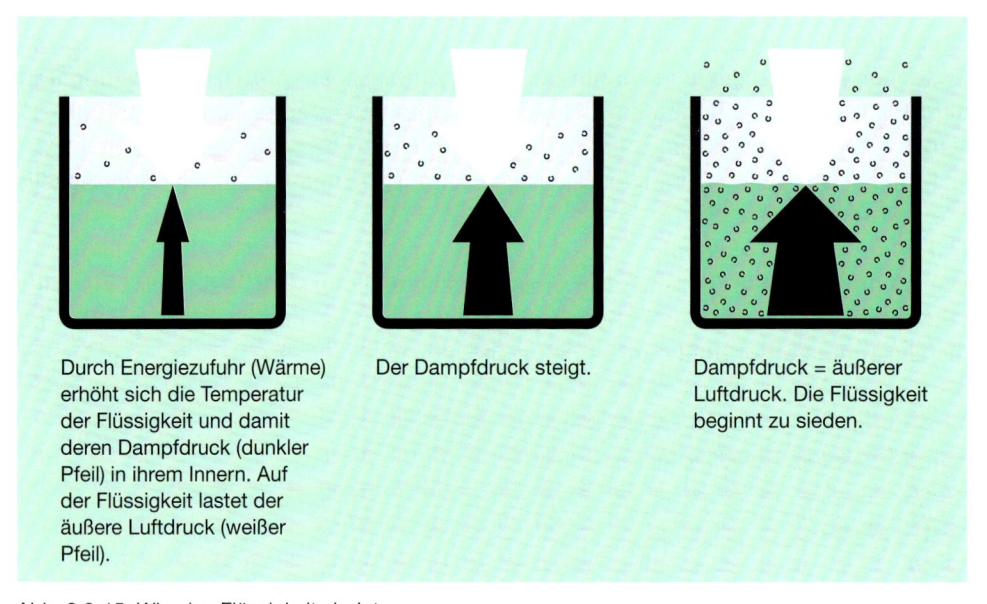

Abb. 3.3-15: Wie eine Flüssigkeit siedet

Die Siedetemperatur ist nicht nur vom Luftdruck abhängig, sondern auch von der Masse und der Polarität der Flüssigkeitsteilchen. Je polarer eine Flüssigkeit ist, d. h. je mehr entgegengesetzt gerichtete Ladungen ihre Moleküle haben, desto höher ist ihr Siedepunkt. Denn mit zunehmender Polarität steigen die zwischenmolekularen Anziehungskräfte, die ein Molekül daran hindern aus der Flüssigkeit auszutreten. Enthält also eine Flüssigkeit Ionen, so ist ihre Siedetemperatur erhöht, da zusätzlich die Anziehungskräfte, die diese Ionen auf die Flüssigkeitsmoleküle ausüben, durch Energiezufuhr überwunden werden müssen, damit die Flüssigkeit sieden kann.

Jede Flüssigkeit hat, wenn sie nicht verunreinigt ist, eine charakteristische Siedetemperatur. Diese sagt nicht nur etwas über ihre Identität aus, sondern auch über ihre Wärmestabilität. So kann man sich leicht vorstellen, dass sich eine Flüssigkeit bei Erhitzung über den Siedepunkt hinaus auch zersetzen kann.

Homogene flüssige Stoffgemische, z. B. Ethanol/Wasser-Gemische, können durch einfache Destillation wieder voneinander getrennt werden. In diesem Fall geht die Flüssigkeit mit dem niedrigen Siedepunkt zuerst in die Gasphase über und kann in einem Kühler wieder kondensiert werden (Abb. 3.3-18). Wenn sie vollständig verdampft ist, bleibt die andere Flüssigkeit im Destillierkolben rein zurück. Erhitzt man weiter, steigt die Temperatur bis zum Siedepunkt der anderen Flüssigkeit, die dann ebenfalls im Kühler kondensiert werden kann. Man nennt diesen Vorgang *Destillation*. Bei einer Destillation wird also der Flüssigkeit Wärme zugeführt. Sie geht daraufhin in den energiereicheren gasförmigen Zustand über. Anschließend wird dem Dampf durch Kühlung die zugeführte Wärme wieder entzogen. Der Dampf kondensiert.

Es gibt den Fall, dass zwei ineinander lösliche Flüssigkeiten mit verschiedenen Siedetemperaturen durch Destillation nicht voneinander getrennt werden können. Man nennt solche Gemische *azeotrop*. Wird versucht, die Partner azeotroper Gemische durch Destillation zu trennen, so ist das nicht möglich, da die Gasphase die gleiche prozentuale Zusammensetzung hat wie das Flüssigkeitsgemisch.

Die Siedetemperatur einer Flüssigkeit kann gesenkt werden, indem man ein Vakuum erzeugt und damit den Druck über der Flüssigkeitsoberfläche erniedrigt. Thermolabile Substanzen, die sich bei normaler Siedetemperatur zersetzen würden, können so bei erheblich niedrigeren Temperaturen schonend destilliert oder getrocknet werden.

Hochdrucksterilisator
Der Hochdrucksterilisator, auch Autoklav, Sikotopf oder Dampfdrucktopf genannt, ist ein Druckgefäß, in dem der Luftdruck z. B. auf das Doppelte des Normalwertes erhöht werden kann (Abb. 3.3-16). Wasser siedet dann erst bei 121 °C. Solche Druckkessel werden zur Sterilisation der Arzneimittel in gespanntem, gesättigtem Wasserdampf bei 121 bzw. 134 °C und 2 bzw. 3 bar Druck verwendet. Gespannter Wasserdampf wirkt in höherem Maße keimtötend als nicht gespannter Wasserdampf oder

reine Heißluft. Die Geräte sind mit Sicherheitsventilen ausgestattet und werden erst fest verschlossen, wenn der austretende Wasserdampf die gesamte Luft aus dem Innenraum mit sich gerissen und aus dem Drucktopf entfernt hat. Um die Sterilisationsbedingungen zu überwachen, werden der Druck mit einem Manometer und die Temperatur mit einem Innenthermometer gemessen. Die Sterilisationszeit beginnt, wenn die Innentemperatur auf 121 bzw. 134 °C und der Innendruck auf 2 bzw. 3 bar gestiegen sind. Nach der Sterilisationszeit muss der Drucktopf erst abkühlen, ehe er geöffnet werden kann.

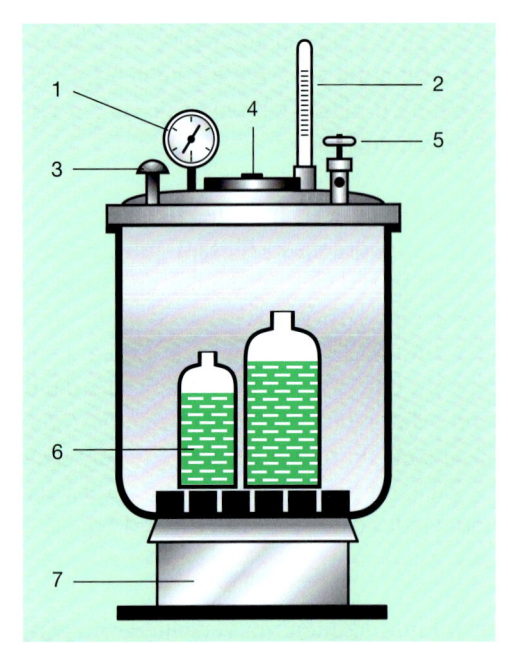

1 = Manometer
2 = Thermometer
3 = Pfeifventil
4 = Überdruckventil
5 = Dampfhahn lässt das Dampf-Luftgemisch austreten
6 = Sterilisiergut
7 = Heizquelle

Abb. 3.3-16:
Hochdrucksterilisator

Bestimmung der Siedetemperatur nach der »Nationalen Methode«

Das Gerät zur Bestimmung der Siedetemperatur nach dem Deutschen Arzneibuch besteht aus zwei koaxial miteinander verbundenen Glasrohren (Abb. 3.3-17). Das äußere Rohr dient als Luftisoliermantel und ist mit einer kleinen Öffnung versehen, die den Druckausgleich mit der Außenluft herstellt. Das innere Rohr wird mit etwa 1 ml der zu prüfenden Flüssigkeit gefüllt. Um den unteren Teil des Gerätes wird zusätzlich ein Glasmantelrohr gezogen (DAB 2.2.N2).

Genauso wie sich eine Flüssigkeit einige Grade unter ihre Erstarrungstemperatur abkühlen lässt, kann sie auch einige Grade über ihre Siedetemperatur erhitzt werden, ohne dass sie siedet. Diese Erscheinung nennt man *Siedeverzug*. Klopft man leicht an das Gefäß, in dem sich die überhitzte Flüssigkeit befindet, so setzt das Sieden stoßartig ein (Vorsicht!). Um den Siedeverzug zu verhindern, werden einige Siedesteinchen in die Flüssigkeit gegeben.

3 Geräte zur Bestimmung der physikalischen Kennzahlen des Arzneibuches

Ein Thermometer aus dem Anschütz-Satz, das den Messbereich der zu erwartenden Siedetemperatur abdeckt, wird an einem Rezepturbindfaden in das innere Rohr gehängt, sodass es auf den unteren drei Dornen aufliegt. Die oberen drei Dornen verhindern, dass sich das Thermometer an die Glasrohrwand anlegt.

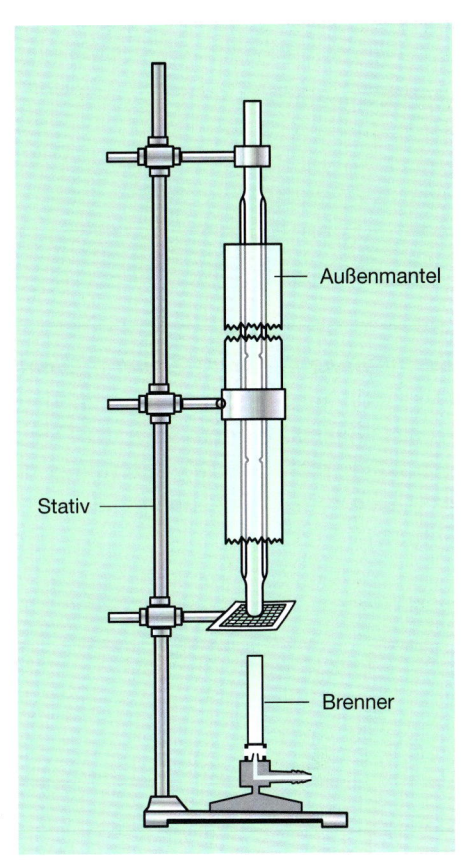

Abb. 3.3-17:
Gerät zur Bestimmung der Siedetemperatur nach der »Nationalen Methode«

Durchführung der Messung
Das Gerät ist nur wenige Millimeter über der Ceranplatte an einem Stativ befestigt. Die Flüssigkeit wird nun mit einem Mikrobrenner zum Sieden erhitzt. Dabei bildet sich ein Kondensationsring, der langsam nach oben steigt. Die Siedetemperatur wird dann abgelesen, wenn dieser Kondensationsring am Ende des Quecksilberfadens des Thermometers vorbeizieht. Die Siedetemperatur wird auf den Normalluftdruck von 101,3 kPa korrigiert. Die Angabe der Siedetemperatur auf zwei Stellen hinter dem Komma ist wenig sinnvoll, da sie nur eine scheinbare Genauigkeit vorgaukelt.

$$t_1 = t_2 + k\,(101{,}3 - b)$$

t_1 = korrigierte Siedetemperatur in °C
t_2 = abgelesene Siedetemperatur in °C bei Luftdruck b
k = Korrekturfaktor (s. Tab. 3.3-1)
b = Luftdruck in kPa während der Bestimmung

Beispiel: $t_1 = 79{,}8 + 0{,}3\,(101{,}3 - 100{,}15)$
$t_1 = 79{,}8 + 0{,}345$
$t_1 = 80{,}1$

Tab. 3.3-1: Korrekturfaktoren zur Bestimmung der Siedetemperatur nach dem Deutschen Arzneibuch

Siedetemperatur in °C	Korrekturfaktor
bis 100	0,30
über 100 bis 140	0,34
über 140 bis 190	0,38
über 190 bis 240	0,41
über 240	0,45

Bestimmung der Siedetemperatur nach der »Europäischen Methode«
Das Gerät zur Bestimmung der Siedetemperatur nach der »Europäischen Methode« ist das gleiche, mit dem auch der Destillationsbereich einer Flüssigkeit geprüft werden kann (Abb. 3.3-18). Allerdings muss das Thermometer so eingeführt werden, dass sich sein Quecksilbergefäß auf Höhe des Halsansatzes des Destillierkolbens befindet.

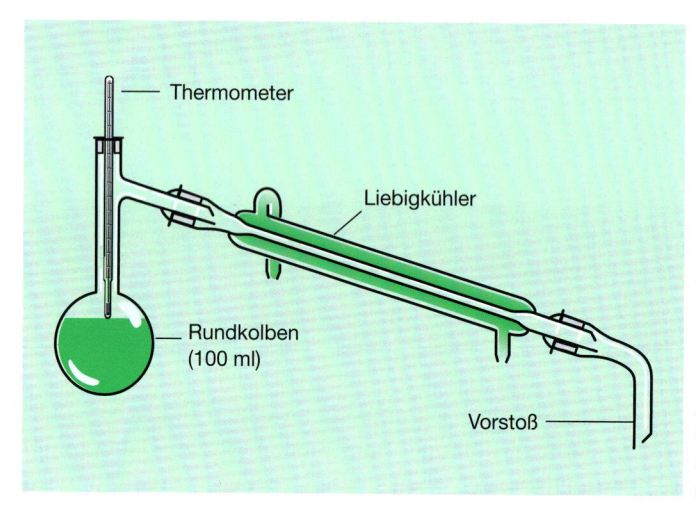

Abb. 3.3-18: Gerät zur Bestimmung der Siedetemperatur nach der »Europäischen Methode«

Durchführung der Messung
20 ml der zu prüfenden Flüssigkeit, mit Siedesteinchen versehen, werden zum Sieden erhitzt. Die Temperatur wird dann abgelesen, wenn die kondensierte Flüssigkeit aus dem Seitenrohr in den Kühler zu fließen beginnt. Die abgelesene Temperatur wird auf die gleiche Weise korrigiert wie bei der »Nationalen Methode« beschrieben.

4 Optische Geräte

Unterschied zwischen Absorption und Adsorption

4.1 ■ Physikalischer Hintergrund

Optik ist die Lehre vom Licht. Sie untersucht die Gesetzmäßigkeiten seiner Entstehung, Ausbreitung und Umwandlung in andere Energieformen.

Was ist Licht?
Licht ist eine Energieform, die sich fortbewegt. Wir müssen es uns als winzige Partikel, Energiepakete, die Photonen heißen, und gleichzeitig als elektromagnetische Wellen vorstellen. Da beide Phänomene nebeneinander existieren, spricht man vom *Welle-Teilchen-Dualismus*. Licht wird von Materie ausgesandt. Man nennt das die *Emission* des Lichtes (Abb. 4.1-1). Es kann aber auch »eingefangen« oder »verschluckt« werden. Diese Erscheinung wird als *Absorption* bezeichnet. Sie kennen das aus dem täglichen Leben: Ein Gegenstand ist deswegen schwarz, weil er das Licht, das auf ihn fällt, vollständig absorbiert, er ist deswegen weiß, weil er das Licht, das auf ihn fällt, fast vollständig reflektiert.

Ein Gegenstand ist farbig, wenn von ihm aus den Wellenlängen des sichtbaren Lichts (s. Abb. 4.1-3 und Tab. 4.1-2 Seite 102) ein ganz bestimmter Bereich selektiv absorbiert wird. Das menschliche Auge nimmt dann die Farbe wahr, die der jeweiligen Komplementärfarbe des absorbierten Bereichs der Wellenlängen entspricht (Tab. 4.1-1).

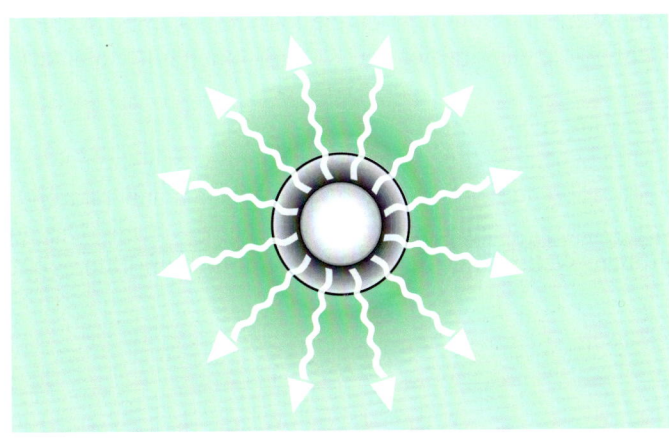

Abb. 4.1-1:
Emission des Lichtes
aus einer Lichtquelle

Lichtstrahlung, die nur aus einer einzigen Wellenlänge besteht, nennt man *monochromatisch*, Licht, das aus einem Gemisch von Wellenlängen besteht, *polychromatisch*.

Tab. 4.1-1: Lichtabsorption und Farbe

Absorbiertes Licht		
Wellenlänge	Farbe	Komplementärfarbe
400 – 440 nm	violett	gelbgrün
440 – 480 nm	blau	gelb
480 – 490 nm	blaugrün	orange
490 – 500 nm	grünblau	rot
500 – 560 nm	grün	purpurrot
560 – 580 nm	gelbgrün	violett
580 – 595 nm	gelb	blau
595 – 605 nm	orange	blaugrün
605 – 750 nm	rot	grünblau
750 – 800 nm	purpurrot	grün

Licht als Teilchen
Emission und Absorption lassen sich mit dem Photonenmodell erklären. Beispiele für die Emission des Lichts sind:

Atome senden Licht aus
Wenn man ein Magnesiastäbchen, an dem etwas Kochsalz klebt, in eine Flamme hält, so färbt sich diese kräftig gelb. Der Grund ist: Elektronen der Innenschalen des Natrium-Atoms werden durch die Wärmeenergie, die der Brenner liefert, angeregt, d. h. sie werden auf eine weiter außen liegende Schale höherer Energiestufe gehoben, »springen« aber sofort wieder in ihre ursprüngliche Energiestufe zurück. Diesen Quantensprung hat der dänische Physiker Niels Bohr[19] als erster 1913 beschrieben. Die wieder frei werdende Energie wird dann als Lichtenergie einer bestimmten Wellenlänge ausgestrahlt. Besonders die Alkali- und Erdalkalimetalle lassen sich leicht »anregen« und liefern prächtige Farben. So strahlen z. B. Natrium-Ionen mit gelber, Lithium-Ionen mit roter und Kalium-Ionen mit violetter Flamme.

Moleküle senden Licht aus
Stoffe haben die Eigenschaft, einfallende Lichtstrahlen teilweise zu absorbieren und noch während der Bestrahlung teilweise als andersfarbiges Licht wieder abzustrahlen. Diese Erscheinung wird Fluoreszenz genannt. Das ausgestrahlte Licht hat eine größere Wellenlänge als das eingestrahlte. Um Fluoreszenz zu erzeugen, wird kurz-

---
19) Niels Bohr (1885 – 1962), dänischer Atomphysiker, Nobelpreis 1922.

welliges ultraviolettes Licht (UV-Licht) eingestrahlt. Wird die UV-Quelle abgeschaltet, so hört der Stoff sofort auf zu fluoreszieren.

Die Fluoreszenz wird als qualitative Methode zu Identitätsprüfungen oder in der Dünnschichtchromatographie (DC) eingesetzt. So ist z. B. eine wässrige Chininsulfat-Lösung farblos. Einfallende UV-Strahlen lassen die Lösung nach allen Seiten blau aufleuchten.

Ist die Emission nach der Absorption zeitlich verzögert, strahlt die Substanz also noch, wenn keine Lichtquelle mehr einstrahlt, nennt man diese Erscheinung *Phosphoreszenz* (Nachleuchten). Sie kennen das von den Leuchtfarben auf den Ranzen der Schulkinder.

Licht als elektromagnetische Welle

Die Ausbreitung des Lichts nach allen Seiten lässt sich am besten mit dem »Wellenmodell« verständlich machen. Alle Wellen haben eine Wellenlänge λ (lambda). Sie ist der Abstand zwischen zwei Wellenbergen und wird in Nanometern (1 nm = 10^{-9} m = 1 Milliardstel Meter) gemessen (Abb. 4.1-2).

»Mechanische« Wellen brauchen Materie, um sich ausbreiten zu können. So verbreiten sich Schallwellen als Verdichtungen und Verdünnungen der Luft. Daher können sich Schallwellen im Vakuum nicht ausbreiten, da sich in ihm keine Materie befindet. Licht aber kann sich auch im Vakuum ungehindert ausbreiten. Seine Geschwindigkeit beträgt immer 300 000 km pro Sekunde und ist nach den Berechnungen von Albert Einstein[20] die maximal erreichbare Geschwindigkeit in unserem Universum.

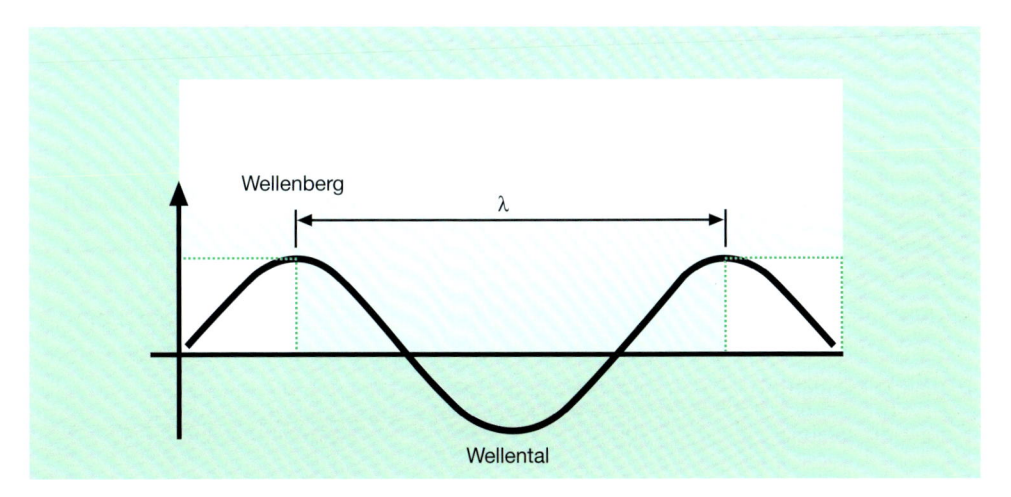

Abb. 4.1-2: Licht als elektro-magnetische Welle

---

20) Albert Einstein (1879 – 1955), deutscher Physiker, Nobelpreis 1921.

Licht ist also nicht eine mechanische, sondern eine »elektromagnetische« Welle. Je kurzwelliger diese ist, um so energiereicher ist sie. Die gesamte Bandbreite der *elektromagnetischen Wellen* wird als elektromagnetisches Spektrum bezeichnet (Abb. 4.1-3).

Das ganze elektromagnetische Spektrum (s. auch Seite 142) reicht von den kurzwelligen, energiereichen Höhenstrahlen bis zu den langwelligen Mikro- und Radiowellen. Der Energieinhalt elektromagnetischer Wellen ist umso größer, je höher ihre Frequenz (Schwingungszahl), d. h. je kleiner die Wellenlänge ist. Er ist umso kleiner, je niedriger die Frequenz, d. h. je größer die Wellenlänge ist.

Sichtbares Licht mit dem Wellenbereich 400 nm (violett) bis 800 nm (rot) stammt nur aus einem kleinen Abschnitt des elektromagnetischen Spektrums. Der ultraviolette Strahlenbereich (UV-Strahlen) erstreckt sich auf Wellenlängen von 200 bis 400 nm. Infrarotstrahlen (IR-Strahlen, auch Wärmestrahlen genannt) haben Wellenlängen, die größer als 800 nm sind.

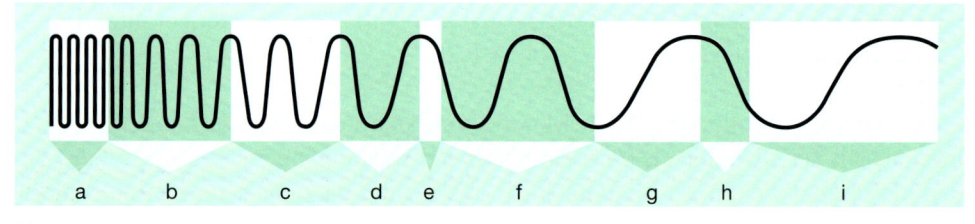

Abb. 4.1-3: Elektromagnetisches Spektrum

Tabelle 4.1-2 gibt eine Übersicht über die Einheiten der Wellenlängen des elektromagnetischen Spektrums.

Tabelle 4.1-2: Elektromagnetisches Spektrum

Bezeichnung	Wellenlänge	Emissionsquelle
a. Kosmische Höhenstrahlung	< 1 pm	Aus der Tiefe der Milchstraße
b. Gammastrahlung	< 10 nm	Energieumsatz im Atomkern
c. Röntgenstrahlung	0,001 nm – 0,1 nm	Abbremsung der Elektronen im Kernfeld
d. UV-Strahlung	10 nm – 400 nm	Energieumsatz in der Atomhülle (Quantensprung)
e. Sichtbares Licht	400 nm – 800 nm	
f. Infrarotstrahlung	800 nm – 1 mm	Wärmestrahlung
g. Radar	> 1 mm	Funkmesstechnik
h. Mikrowellen	1 mm – 30 cm	Fernsehen
i. Radiowellen	30 cm – km	Rundfunk

4 Optische Geräte

Tab. 4.1-3: Einheiten der Wellenlängen des elektromagnetischen Spektrums

Längeneinheit	nm	µm	mm	cm
Nanometer (nm)	1	10^{-3}	10^{-6}	10^{-7}
Mikrometer (µm)	10^3	1	10^{-3}	10^{-4}

Woher kommt das Licht?
Das Licht wird von Lichtquellen, wie z.B. der Sonne als natürlicher Lichtquelle, ausgesandt. In der Sonne, der »Quelle allen Lebens«, werden unaufhörlich Wasserstoffatome zu Heliumkernen verschmolzen. Bei diesen Vorgängen wird Masse in eine ungeheure Menge Energie umgewandelt, die als elektromagnetische Strahlung frei wird. Elektronen springen in Richtung Atomkern auf eine niedrigere Energiestufe. Die dabei frei werdende Energie wird als Licht abgestrahlt.

Diese elektromagnetische Strahlung wird heute mit Sonnenkollektoren aufgefangen und technisch genutzt (»Strom aus der Sonne«). Künstliche Lichtquellen sind z.B. Glühbirnen, in denen elektrische Energie in Licht und Wärme umgewandelt wird. Der amerikanische Erfinder Thomas Edison[21] entwickelte 1877 die erste Glühlampe.

Was kann das Licht?
Die folgenden Phänomene werden durch Lichtstrahlen bewirkt. Man stellt sich darunter eng begrenzte Lichtbündel vor, die sich von einem Punkt aus völlig geradlinig auszubreiten scheinen. Diese Erscheinung wird als »geometrische Optik« beschrieben; sie behandelt die Gesetzmäßigkeiten der Lichtausbreitung in geradlinigen Strahlenbündeln.

Reflexion
Lichtstrahlen werden reflektiert. Fällt ein Lichtstrahl auf einen ebenen Spiegel, so wird er zurückgeworfen: Er wird reflektiert. Der einfallende (α) und der reflektierte (β) Strahl liegen mit dem Einfallslot in einer Ebene. Sie bilden mit dem Einfallslot gleich große Winkel (Abb. 4.1-4).

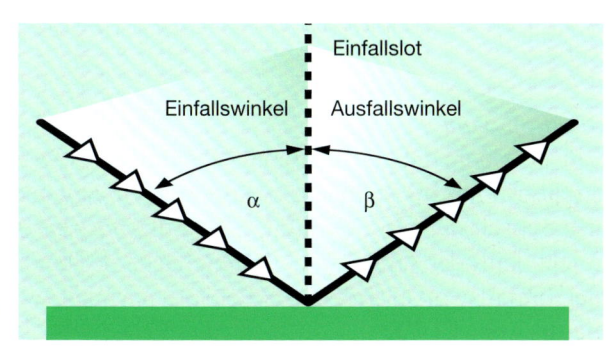

Abb. 4.1-4: Reflexion des Lichts

---
[21] Thomas Alva Edison (1847 – 1931), US-amerikanischer Elektrotechniker.

MERKE

Der Einfallswinkel (α) des einfallenden Lichtstrahls ist gleich dem Ausfallswinkel (β) des reflektierten Lichtstrahls.

Refraktion
Lichtstrahlen werden gebrochen. Das Refraktionsgesetz besagt: Geht ein Lichtstrahl vom optisch dünneren in ein optisch dichteres Medium über, z. B. von Luft in Wasser oder von Luft in Glas, so ändert er seine Richtung. Er wird zum Einfallslot, das ist eine senkrecht stehende gedachte Linie, »hingebrochen« (Abb. 4.1-5). Geht er vom optisch dichteren in ein optisch dünneres Medium über, so wird er vom Einfallslot »weggebrochen«. Geht ein Lichtstrahl durch eine planparallele Platte, z.B. eine ebene Glasscheibe, so ändert er seine Richtung nicht. Er wird nur parallel verschoben, denn er tritt aus optisch dünnerem (Luft) in optisch dichteres (Glas) Medium ein und aus optisch dichterem (Glas) in optisch dünneres (Luft) Medium wieder aus (Abb. 4.1-6)

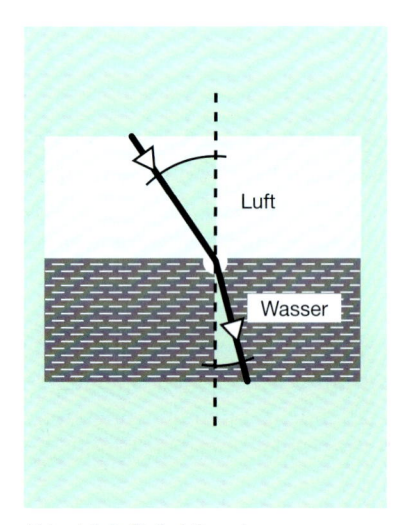

Abb. 4.1-5: Refraktion eines Lichtstrahls

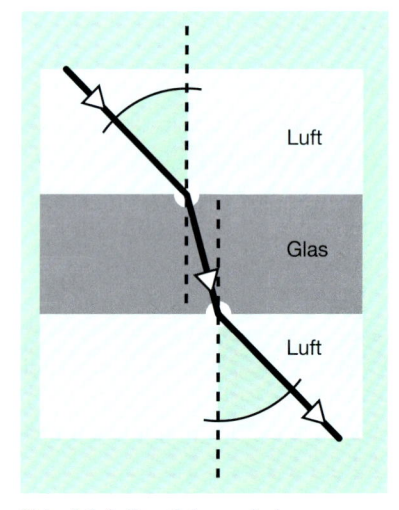

Abb. 4.1-6: Parallel verschobene Refraktion eines Lichtstrahls

Totalreflexion
Ein aus einem optisch dichteren Medium, z. B. Wasser oder Glas, kommender Lichtstrahl tritt nur bis zu einem bestimmten Grenzwinkel (α_g) als gebrochener Strahl in das optisch dünnere Medium, z. B. Luft, aus. Ist der Grenzwinkel des Eintritts erreicht, läuft der Strahl an der Grenzfläche der beiden optischen Medien entlang. Ist der Einfallswinkel größer als der Grenzwinkel, wird der Lichtstrahl »total reflektiert« (Abb. 4.1-7).

4 Optische Geräte

1. Ein Strahl, der senkrecht auf die Mediengrenzfläche auftrifft, wird nicht gebrochen
2. Gebrochene Strahlen
3. Grenzfall der Totalreflexion
4. Total reflektierter Strahl

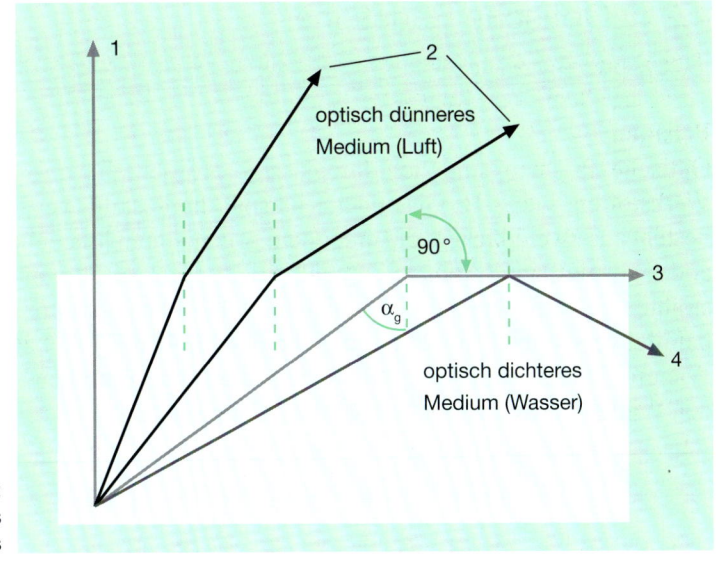

Abb. 4.1-7: Totalreflexion eines Lichtstrahls

MERKE

Ist der Einfallswinkel des Lichts kleiner als α_g, wird der Lichtstrahl gebrochen. Ist der Einfallswinkel des Lichts größer als α_g, wird der Lichtstrahl totalreflektiert. Ist der Einfallswinkel des Lichts gleich α_g, dann streift der Lichtstrahl die Grenzschicht der beiden Medien.

Diffraktion

Lichtstrahlen werden gebeugt. Wellen, also auch Lichtwellen, können sich nicht mehr geradlinig ausbreiten, wenn sich ihnen ein Hindernis in den Weg stellt. Sie biegen dann um die Ecke, d. h. sie werden gebeugt (Abb. 4.1-8). Die Beugung des Lichtes bezeichnet man als Diffraktion. Die Erscheinung kann die Schärfe der Abbildungen, z. B. in einem Mikroskop, behindern.

1. Kreisförmige Wellenfront
2. Beugung der Wellen

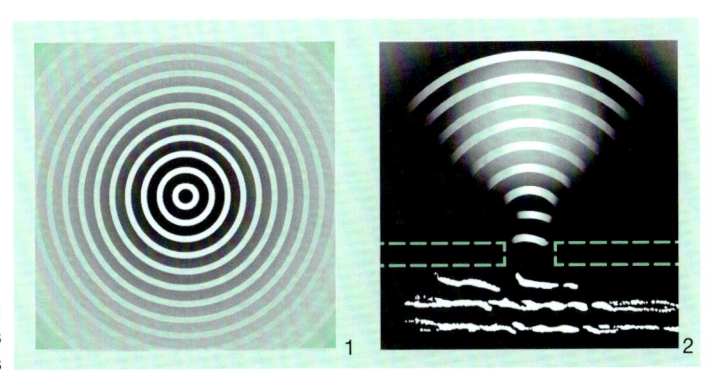

Abb. 4.1-8: Diffraktion eines Lichtstrahls

4.2 ■ Optische Bausteine

Prismen
Optische Prismen sind lichtdurchlässige Körper, die aus sehr unterschiedlichen Werkstoffen, wie z. B. Glas oder Kalkspat, hergestellt werden. Der Prismenkörper besteht aus zwei Flächen, die unter dem sogenannten brechenden Winkel γ gegeneinander geneigt sind (Abb. 4.2-1). Fällt Licht durch ein Prisma, so werden die Lichtstrahlen genauso wie bei einer planparallelen Platte zweimal gebrochen, aber nicht parallel verschoben, sondern um einen bestimmten Winkel abgelenkt (s. Seite 104). Wie groß dieser Ablenkungswinkel ist, hängt vom Einfallswinkel (α), vom brechenden Winkel (γ) und vom Material des Prismas ab.

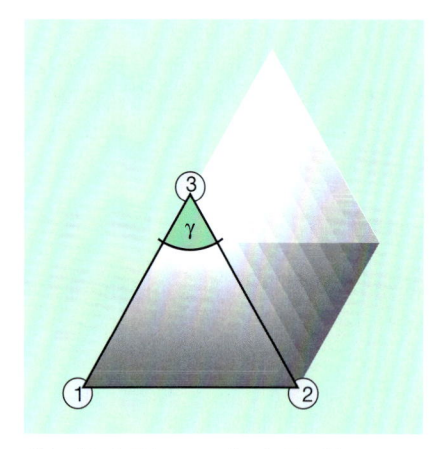

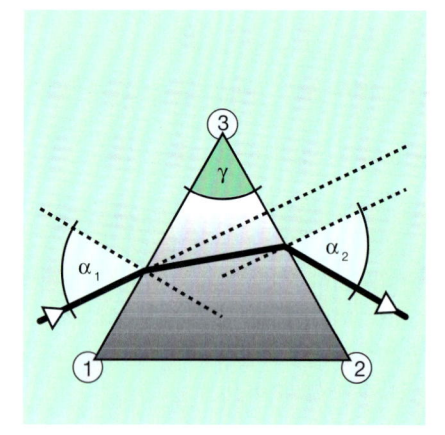

Abb. 4.2-1: Prisma und sein Strahlengang

Weißes Licht ist polychromatisch, d. h. es besteht aus Lichtstrahlen verschiedener Wellenlängen. Mit einem Prisma kann man das weiße Licht in seine Spektralfarben Rot, Orange, Gelb, Grün, Blau und Violett zerlegen (Abb. 4.2-2). Diese Erscheinung wird als Dispersion bezeichnet, die man ja auch beim Regenbogen bestaunen kann. In ihm wirkt jedes einzelne Regentröpfchen, vom Licht der Sonne bestrahlt, wie ein Prisma.

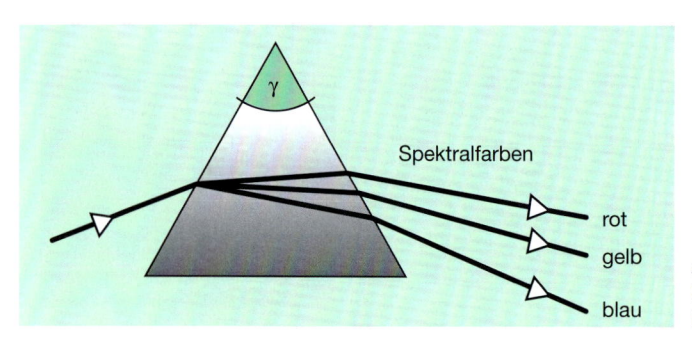

Abb. 4.2-2: Dispersion des weißen Lichts in seine Spektralfarben

4 Optische Geräte

Linsen
Linsen sind lichtdurchlässige Körper. Das Licht, das ein Gegenstand ausstrahlt und durch eine Linse hindurchgeht, wird so gebrochen, dass eine optische Abbildung, ein Bild, entsteht. Man unterscheidet:

Sammellinsen
Sammellinsen sind von Kugelflächen begrenzt, durch deren Mittelpunkte die Linsenachse, als optische Achse bezeichnet, verläuft. Sie sind in der Mitte dicker als am Rand und werden auch *Konvexlinsen* genannt (Abb. 4.2-3). Je kleiner der Radius der Kugel ist, desto stärker ist die Krümmung der Linse. Alle Lichtstrahlen, die parallel auf eine Sammellinse fallen, vereinigen sich in einem Punkt, dem Brennpunkt, der hinter der Linse liegt.

Zerstreuungslinsen
Zerstreuungslinsen sind in der Mitte dünner als am Rand. Sie werden auch *Konkavlinsen* genannt (Abb. 4.2-3). Alle Lichtstrahlen, die parallel auf eine Zerstreuungslinse fallen, vereinigen sich in einem Brennpunkt, der vor der Linse liegt, und werden beim Austritt aus der Linse zerstreut.

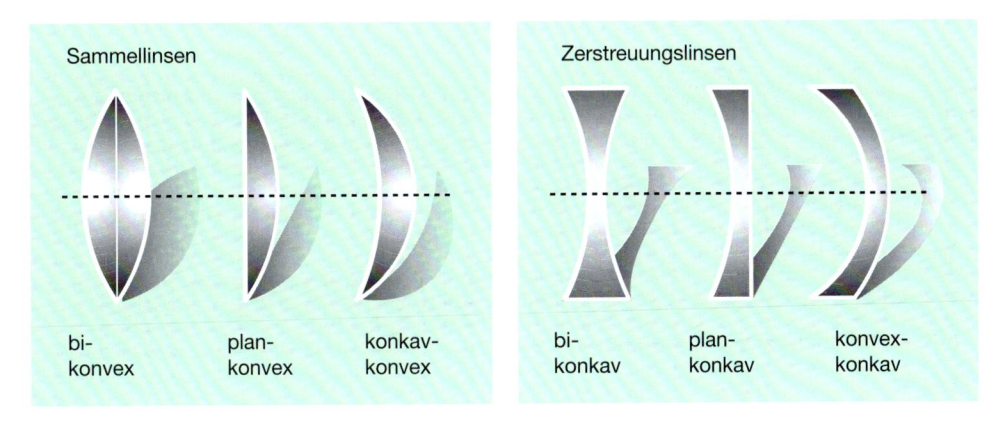

Abb. 4.2-3: Die verschiedenen Linsentypen

Strahlengang und Entstehung des Bildes mit der Sammellinse
Um den Bildpunkt eines Gegenstandes zu konstruieren, zeichnet man jeweils drei »ausgezeichnete« Strahlen, den Parallelstrahl, den Mittelpunktstrahl und den Brennstrahl (Abb. 4.2-4).

Parallelstrahl
Fallen Lichtstrahlen parallel zur optischen Achse ein, vereinigen sie sich beim Durchgang durch eine Sammellinse im Brennpunkt F, der auf der optischen Achse liegt. Sein Abstand zum Linsenmittelpunkt wird als Brennweite f bezeichnet.

Mittelpunktstrahl
Der Mittelpunktstrahl geht ungebrochen durch die Mitte der Linse.

Brennstrahl
Strahlen, die durch den Brennpunkt gehen, verlaufen, nachdem sie die Linse passiert haben, parallel zur optischen Achse weiter.

Die erste Linie zieht man vom obersten Punkt des Gegenstandes durch den Schnittpunkt von Linsenebene und optischer Achse (Mittelpunktstrahl). Die zweite Linie wird vom obersten Punkt des Gegenstandes parallel zur optischen Achse bis zur Linsenebene und von da an durch den hinter der Linie liegenden Brennpunkt gezogen (Parallelstrahl). Die dritte Linie wird vom obersten Punkt des Gegenstandes durch den Brennpunkt der Linse bis zur Linsenebene und von da an parallel zur optischen Achse geführt (Parallelstrahl). Da, wo sich alle Strahlen schneiden, liegt der oberste Punkt des Bildes.

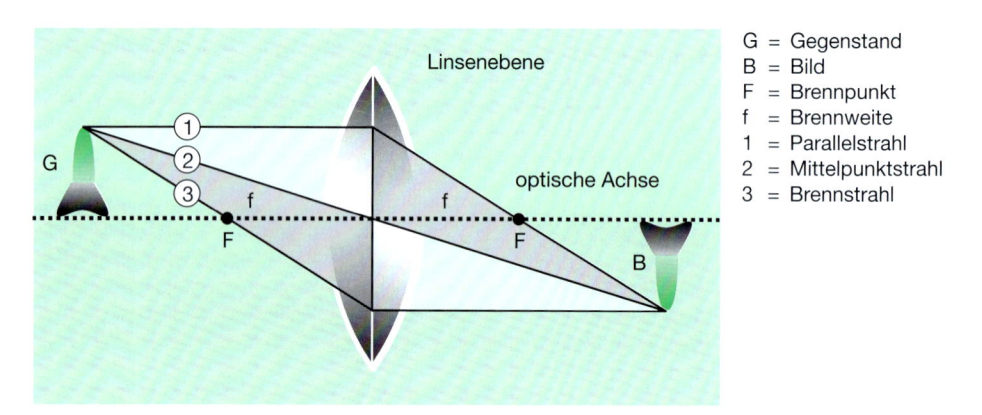

Abb. 4.2-4: Strahlengang und Entstehung eines Bildes mit einer Sammellinse

Je nachdem, von welcher Seite der Linse man die Strahlenführung betrachtet, wird der Parallelstrahl vor der Linse zum Brennstrahl hinter der Linse, der Brennstrahl vor der Linse zum Parallelstrahl hinter der Linse. Nur der Mittelpunktstrahl geht immer ungebrochen durch die Linse hindurch. Je nach Strahlenführung entsteht dabei ein *reelles*, also wirkliches, oder ein *virtuelles*, also scheinbares Bild.

4.3 ■ Das menschliche Auge

Unser Auge ist ein wunderbares, nicht zu ersetzendes optisches Instrument. Es besteht aus einer Sammellinse und einem Auffangschirm, der lichtempfindlichen Netzhaut. Dort wird ein reelles, auf dem Kopf stehendes scharfes Bild des betrachteten Gegenstandes entworfen. Erst im Gehirn entsteht daraus das Bild, das den Gegenstand in seiner richtigen Lage im Raum darstellt.

Der Lichteinfall in die Pupille (das Sehloch) wird durch die Iris (die Regenbogenhaut) reguliert. Sie kann sich wie die Blende des Fotoapparats verengen und weiten und passt sich so den unterschiedlichen Lichtverhältnissen an.

Die Hornhaut, das Kammerwasser dahinter und die Augenlinse sind für scharfes Sehen verantwortlich. Da die Entfernung Linse – Netzhaut, das entspricht der Brennweite, unveränderlich ist, kann die Brechkraft der Linse nur verändert werden, indem sie durch den Ziliarmuskel, der sie wie einen Ring umschließt, gewölbt oder gestreckt wird. Auf diese Weise werden je nach Entfernung des Gegenstandes Brennpunkt und Brennweite der Linse so angepasst, dass das Bild auf der Netzhaut registriert werden kann.

Das gesunde Auge sieht einen entfernten Gegenstand mit flacher entspannter Linse. Um nahe Gegenstände scharf erkennen zu können, muss sie stärker gekrümmt (gewölbt) werden. Die Fähigkeit, sich der Entfernung des betrachteten Gegenstandes anzupassen, wird als Akkomodation bezeichnet.

Wann muss man eine Brille oder Kontaktlinsen tragen?

Bei Kurzsichtigkeit

Symptome	Nahe gelegene Gegenstände werden scharf, weit entfernte verschwommen wahrgenommen.
Angeborene Ursachen	Der Augapfel ist zu lang. Das Bild ist unscharf, weil es vor der Netzhaut liegt (4.3-1).
Abhilfe	Eine Brille oder Kontaktlinsen mit Zerstreuungslinsen führen zu Normalsichtigkeit. Das Bild liegt auf der Netzhaut.

**Kurzsichtigkeit:
Augapfel zu lang**

Bild unscharf

Zerstreuungslinse

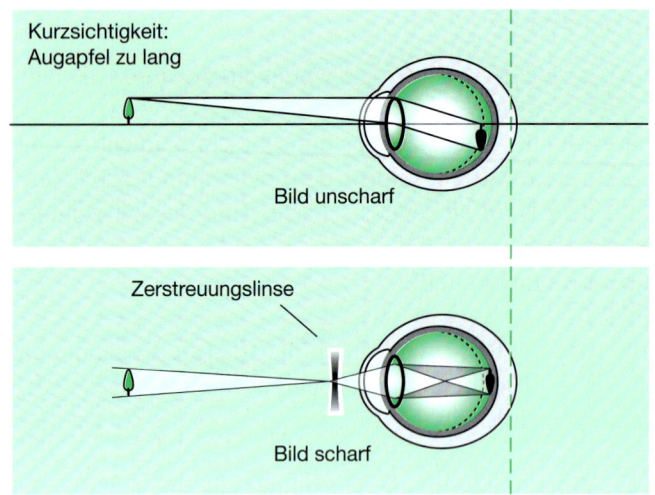

Bild scharf

Abb. 4.3-1:
Kurzsichtigkeit und ihr Ausgleich

Bei Weitsichtigkeit

Symptome	Nahe gelegene Gegenstände werden verschwommen, weit entfernte scharf wahrgenommen.
Angeborene Ursachen	Der Augapfel ist zu kurz. Das Bild ist unscharf, weil es hinter der Netzhaut liegt. Die Linse kann durch noch so große Entspannung den Fehler nicht ausgleichen (Abb. 4.3-2).
Abhilfe	Eine Brille oder Kontaktlinsen mit Sammellinsen bewirken Normalsichtigkeit. Das Bild liegt auf der Netzhaut.

**Weitsichtigkeit:
Augapfel zu kurz**

Bild unscharf

Sammellinse

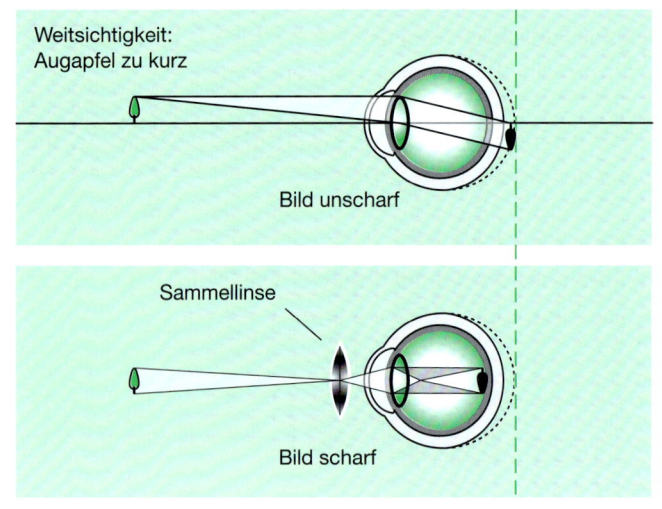

Bild scharf

Abb. 4.3-2:
Weitsichtigkeit und ihr Ausgleich

Bei Alterssichtigkeit

Symptome	Alterssichtigkeit ist Weitsichtigkeit, die durch die langsame, altersbedingte Erschlaffung des Ziliarmuskels verursacht wird.
Abhilfe	Lesebrille

MERKE

Licht, das ein Gegenstand ausstrahlt, gelangt durch die Iris, die seine Intensität reguliert, in die Pupille. Die Augenlinse erzeugt auf der Netzhaut ein umgekehrtes scharfes Bild. Durch den Ziliarmuskel ist die Linse zur Akkomodation fähig. Angeborene Weitsichtigkeit und Alterssichtigkeit können durch Sammellinsen, Kurzsichtigkeit durch Zerstreuungslinsen aufgehoben werden.

4.4 ■ Optische Geräte

Je nach Lage des Gegenstandes, ob auf der optischen Achse vor oder in der Brennweite, ergeben sich, abhängig von Linsenebene und Linsenbrennpunkt, unterschiedlich große oder kleine Bilder. Auf diesem Prinzip beruhen alle optischen Geräte. Man kann die Bilder leicht, wie nach Abb. 4.2-4, konstruieren.

Projektor
Ein Projektionsapparat (Projektor) ist ein optisches Gerät, das von einem beleuchteten durchsichtigen Bild, einem Diapositiv, mit einer Sammellinse ein reelles vergrößertes Bild auf einer Fläche darstellen kann. Da der Gegenstand, das Diapositiv, vor der Linse und außerhalb der Brennweite f_1 steht, erscheint das Bild als Schnittpunkt der drei »ausgezeichneten« Strahlen auf dem Kopf stehend, also *umgekehrt reell* hinter der Linse und *vergrößert*, wie wir es von einem Projektor erwarten (Abb. 4.4-1). Steckt man das Diapositiv also auf dem Kopf stehend in den Projektor, kann man das Bild in seiner richtigen Lage betrachten.

Abb. 4.4-1: Strahlenführung im Projektor

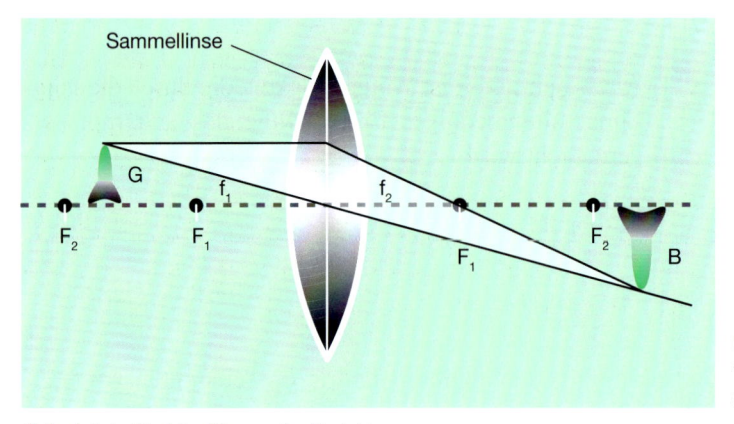

Entstandenes Bild: vergrößert, reell, umgekehrt

Lupe

Befindet sich der Gegenstand innerhalb der Brennweite f_1, so entsteht ein *aufrechtes, vergrößertes, virtuelles* Bild, d.h. Brennstrahl und Mittelpunktstrahl kreuzen sich vor der Linse. Gegenstand und Bild liegen auf der gleichen Seite, also vor der Linse. So funktioniert ein Vergrößerungsglas (Abb. 4.4-2).

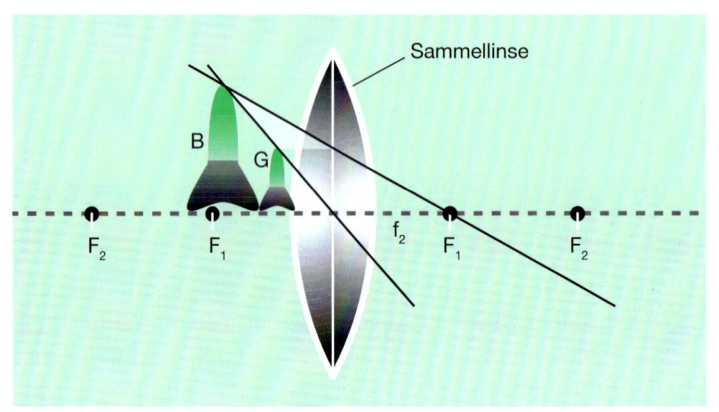

Abb. 4.4-2: Strahlenführung der Lupe

Entstandenes Bild: vergrößert, aufrecht, virtuell

Mikroskop

Das Mikroskop, das hier beschrieben wird, ist ein übliches Lichtmikroskop (Abb. 4.4-3). Es kann sehr kleine Teilchen, die vom menschlichen Auge nicht wahrgenommen werden können, so vergrößern, dass sie sichtbar sind. Ein qualitativ gutes Mikroskop zeigt helle, scharfe und unverzerrte Bilder. Man kann zwar die Abbildung eines winzigen Objekts beliebig vergrößern, ab einer bestimmten Vergrößerung aber können Einzelheiten nicht mehr erkannt werden.

4 Optische Geräte

Das *Auflösungsvermögen*, d. h. dass zwei sehr nahe beieinander liegende Objekte noch als deutlich voneinander unterschiedliche Bildpunkte zu erkennen sind, ist entscheidendes Kriterium für die Leistungsfähigkeit des Gerätes. Sie hängt von der Wellenlänge des Lichts ab. Je kleiner diese ist, desto größer ist das Auflösungsvermögen des Mikroskops. Verwendet man als Lichtquelle eine Elektronenröhre, so entsteht wegen der unendlich kleinen Wellenlängen der schwingenden Elektronen eine Bildauflösung, die über die des Lichtmikroskops weit hinausgeht. Mit einem Elektronenmikroskop erreicht man eine Bildauflösung von etwa 1×10^{-9} mm, mit einem Lichtmikroskop dagegen nur von etwa 1×10^{-3} mm.

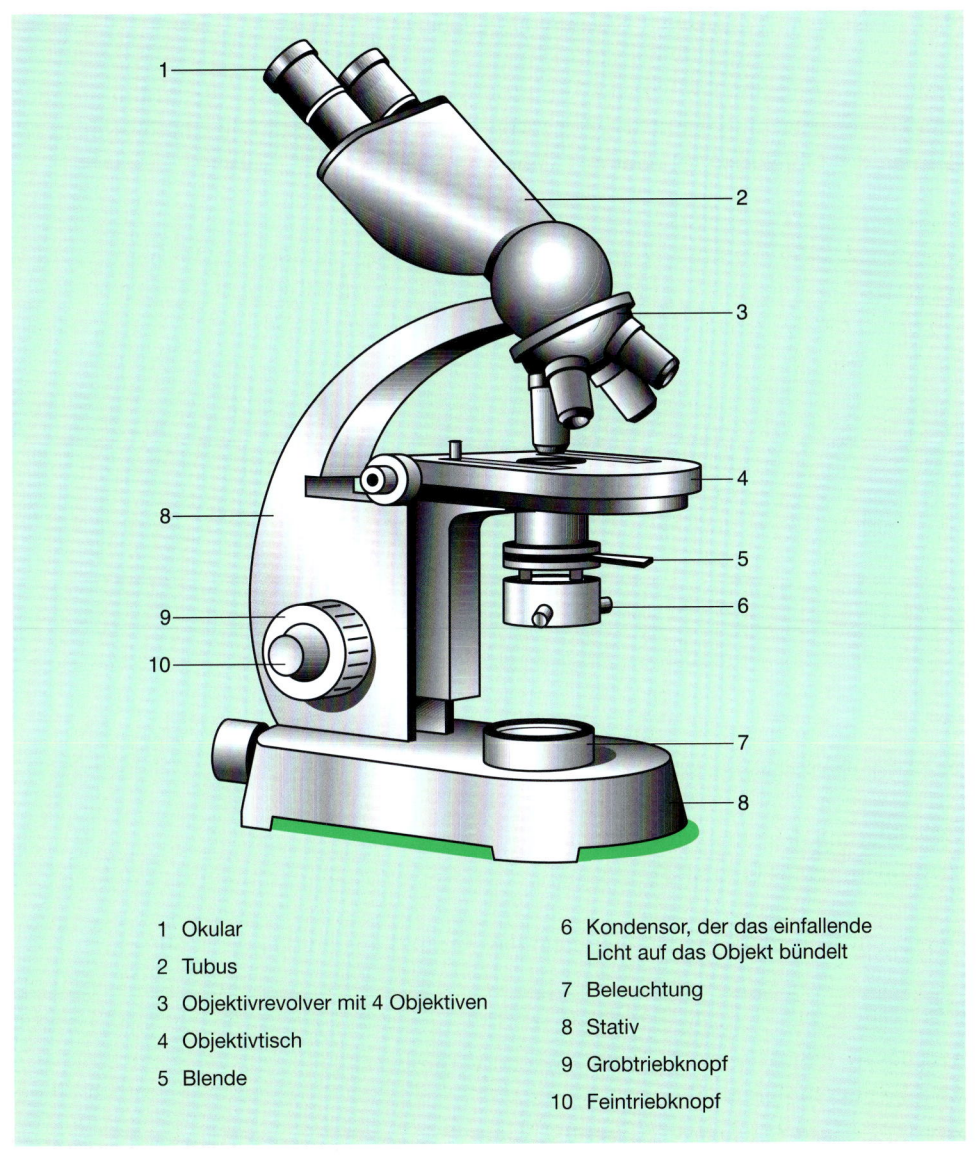

1 Okular
2 Tubus
3 Objektivrevolver mit 4 Objektiven
4 Objektivtisch
5 Blende
6 Kondensor, der das einfallende Licht auf das Objekt bündelt
7 Beleuchtung
8 Stativ
9 Grobtriebknopf
10 Feintriebknopf

Abb. 4.4-3: Außenansicht eines Mikroskops

Strahlengang des Mikroskops

Im Prinzip besteht das Mikroskop aus zwei Sammellinsensystemen, dem *Okular*, der Linse, die dem Auge am nächsten liegt, und dem *Objektiv*, einer Linse, die dem winzigen Objekt, das vergrößert werden soll, zugewandt ist. Das Objektiv entwirft wie ein Projektor zunächst ein reelles, also hinter der Linse gelegenes vergrößertes Bild, ein sogenanntes Zwischenbild, das auf dem Kopf steht. Dieses erscheint innerhalb der einfachen Brennweite (f) des Okulars (F_3 in Abb. 4.4-4) und wird wie durch eine Lupe vergrößert. Diese zweite Vergrößerung ist dann das Endbild, das aufrecht steht und das das Auge sieht. Okular und Objektiv sind in festem Abstand in einer Röhre, dem Tubus, miteinander verbunden. Die Vergrößerungsfähigkeit des Objektivs bzw. Okulars ist jeweils auf seiner Fassung angegeben.

Dreht man an Grobtrieb- (9) und Feintriebknopf (10), so kann die Abbildung des Objekts schärfer eingestellt werden (Abb. 4.4-3). Dies geschieht durch Höhenverstellung des Objekttisches oder des Tubus.

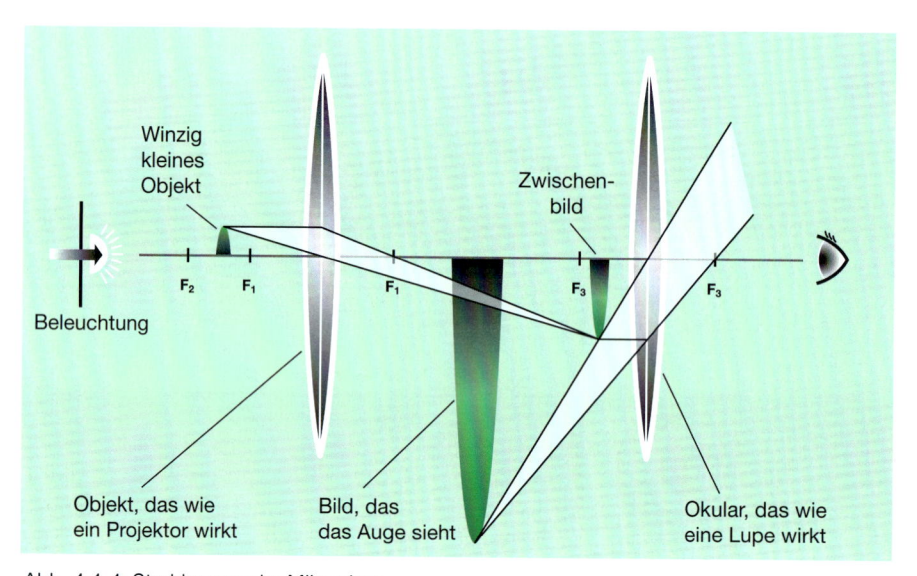

Abb. 4.4-4: Strahlengang im Mikroskop

Vergrößerung des Objektivs: 10-mal
Vergrößerung des Okulars: 6-mal

Die Gesamtvergrößerung (V_g) ist dann das Produkt aus beiden. $V_g = 60$fach.

AUFGABE

Angabe am Objektiv: 1 : 25 heißt 25fache Vergrößerung
Angabe am Okular: 6-mal
Wie groß ist die Gesamtvergrößerung V_g?

4 Optische Geräte

Refraktometer

Das Refraktometer nach Abbe[22] dient der Bestimmung des Brechungsindex. Der Brechungsindex n ist ein konstanter Wert, der nach dem Arzneibuch zu Identitäts- und Reinheitsprüfungen der Arzneistoffe herangezogen wird. Wie wir gesehen haben, ist die Brechung (Refraktion) des Lichts eine grundlegende Erscheinung, die der Funktion fast aller optischen Geräte zugrunde liegt (s. Seite 104). In einem dichteren Medium nimmt die Lichtgeschwindigkeit ab. Der Brechungsindex ist laut Definition der Quotient aus der ungebremsten Lichtgeschwindigkeit im Vakuum und der gebremsten Lichtgeschwindigkeit in einem durchsichtigen Material. Da die Lichtgeschwindigkeit immer 300 000 km pro Sekunde beträgt, kann also der Brechungsindex nie unter 1 liegen.

BEISPIEL:

Lichtgeschwindigkeit im Vakuum: 300 000 km/s
Lichtgeschwindigkeit im Wasser: 225 000 km/s

$$n = \frac{300\,000 \text{ km/s}}{225\,000 \text{ km/s}}$$

$n_{Vakum} = 1$

$n_{Luft} \approx 1$

n = 1,333 (ohne Einheit)!

$n_{Glas} = 1,5$

AUFGABE

Erklären Sie rechnerisch, warum der Brechungsindex immer 1 oder mehr betragen muss und errechnen Sie ihn aus den folgenden Lichtgeschwindigkeiten: 256 000 km × s^{-1}, 283 000 km × s^{-1}.

In der Praxis wird der Brechungsindex nicht berechnet, sondern mit dem Refraktometer aus Einfalls- und Brechungswinkel einer Substanz bestimmt. Der Brechungsindex ist temperaturabhängig, d. h. wird eine Substanz erwärmt, so dehnt sie sich aus und verringert damit ihre optische Dichte, die wiederum den Brechungsindex beeinflusst. Mit steigender Temperatur werden also die Brechungsindizes kleiner.

Das Abbe-Refraktometer ist deshalb mit einem Thermometer, auf dessen Skala die Temperatur in 0,5 Grad-Schritten abgelesen werden kann, und mit einem Thermostaten, einem »Temperaturkonstanthalter«, versehen. Es kann auch mit weißem Licht gemessen werden, wenn ein Kompensator, ein System aus mehreren Prismen, in das Gerät eingebaut ist. Bei den gebräuchlichen Refraktometern wird der »Grenzwinkel der Totalreflexion« α_g der zu untersuchenden Flüssigkeit bestimmt.

---

[22] Ernst Abbe (1840 – 1905), Physiker in Jena.

Schreibweise: n_D^{20}
n = Symbol des Brechungsindex
20 = Die Bestimmung wird bei 20 °C durchgeführt.
D = Wellenlänge des Natriumlichtes

Messprinzip und Strahlengang

Zwischen zwei Prismen, dem Beleuchtungs- und dem Messprisma, befindet sich die Flüssigkeit, deren Brechungsindex bestimmt werden soll (Abb. 4.4-5). Trifft nun ein Lichtstrahl über das Beleuchtungsprisma auf die Untersuchungsflüssigkeit, also vom dichteren ins dünnere Medium, dann muss der Triebknopf so gedreht werden, dass der einfallende Lichtstrahl in einem Winkel von 90° an der Flüssigkeit entlangstreift (Abb. 4.4-6) und das Fadenkreuz im Okularfeld erreicht. Im Okular erscheint dann eine Hell-Dunkel-Grenze im oberen Bereich. Da der Brechungsindex der zu untersuchenden Flüssigkeit immer kleiner sein muss als der des Messprismas, gelangt der Lichtstrahl als »Grenzwinkel der Totalreflexion« α_g in das Messprisma. Dort läuft er über einen kleinen Spiegel und verschiedene andere optische Systeme weiter. Man stellt dann die Hell-Dunkelg-Grenze auf den Schnittpunkt des Fadenkreuzes ein: Der Brechungsindex kann direkt auf einer Skala im unteren Sehfeld abgelesen werden (Abb. 4.4-7).

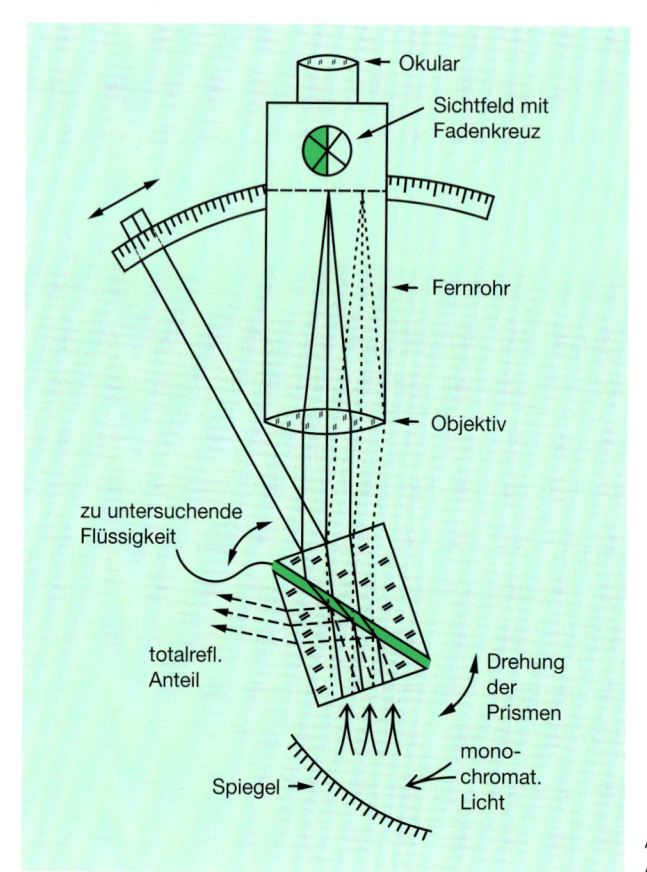

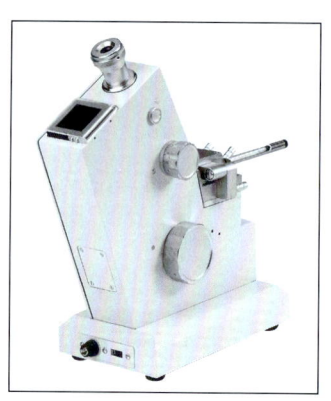

Abb. 4.4-5a:
Refraktometer (Produktbeispiel)

Abb. 4.4-5:
Abbe-Refraktometer

4 Optische Geräte

Wenn mit weißem Licht gemessen wird, kann bei Scharfeinstellung der Hell-Dunkel-Grenze im Okularfeld eine Dispersion auftreten. Diese Störung wird durch Drehen am kleineren Triebknopf, dem Kompensatorknopf, abgestellt.

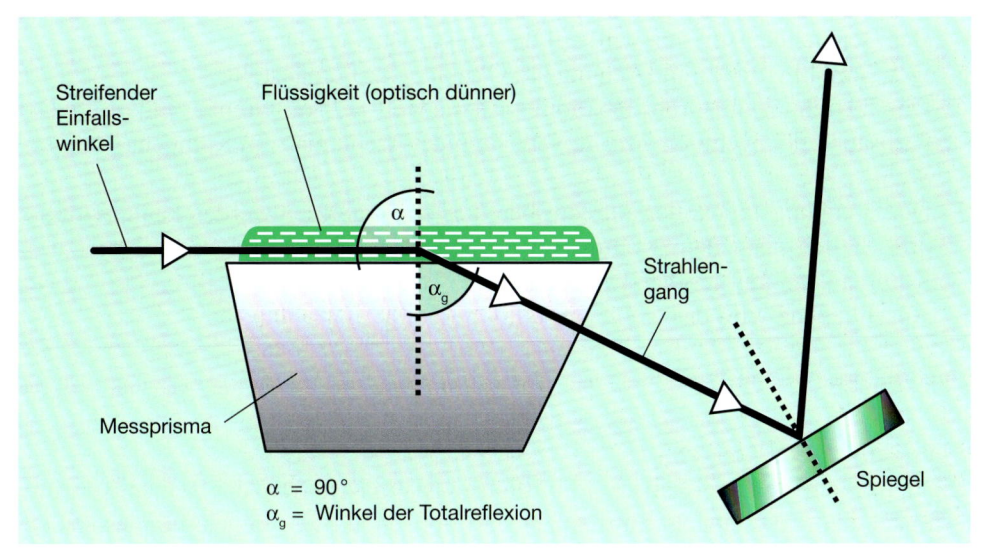

Abb. 4.4-6: Strahlengang im Abbe-Refraktometer

$\alpha = 90°$
α_g = Winkel der Totalreflexion

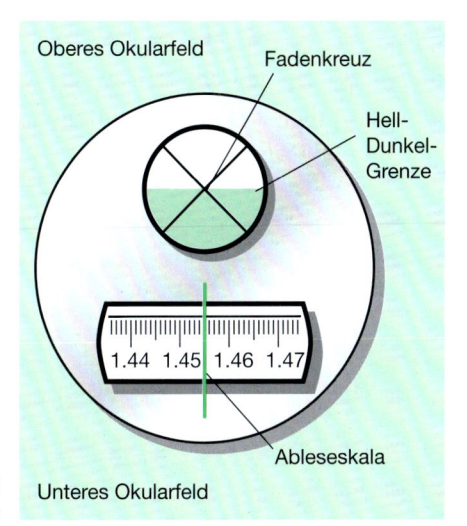

Abb. 4.4-7: Okularfeld des Abbe-Refraktometers

Messung mit dem Abbe-Refraktometer
1. Die Temperatur der Untersuchungsflüssigkeit wird mit einem Thermostaten auf 20 °C eingestellt.
2. Die Fläche des Messprismas wird mit einem in Ethanol getauchten Wattebausch gereinigt.
   Achtung: Nicht Aceton verwenden. Es löst den Kitt auf.

3. Ein Tropfen der Untersuchungsflüssigkeit wird mit einem rund geschmolzenen Glasstab auf die Fläche des Messprismas aufgebracht.
   Achtung: – zu wenig Substanz   Schattenbildung
   – zu viel Substanz   Verschmutzung des Geräts
4. Das Beleuchtungsprisma wird auf das Messprisma geklappt.
5. Das Sehfeld wird durch Drehung am Okular scharf eingestellt.
6. Durch Drehung am Grobtriebknopf wird die Hell-Dunkel-Grenze eingestellt. Der Farbsaum, der eventuell auftritt, verschwindet, wenn man am Kompensatorknopf dreht.
7. Der Brechungsindex, der auf der oberen Skala abgelesen werden kann, wird auf drei Stellen nach dem Komma genau abgelesen. Die vierte Stelle hinter dem Komma kann nur geschätzt werden.
8. Anschließend wird das Gerät sorgfältig gereinigt.

Polarimeter

Physikalischer Hintergrund
Die optische Aktivität organischer Substanzen ist ein Kriterium der Reinheitsprüfungen nach dem Arzneibuch. Substanzen sind optisch aktiv, wenn sie mindestens ein asymmetrisches Kohlenstoffatom im Molekül enthalten, d. h. das C-Atom ist von vier verschiedenen Substituenten besetzt (Abb. 4.4-8). Schickt man »linear polarisiertes Licht« durch eine optisch aktive Flüssigkeit oder eine Lösung, in der optisch aktive Substanzen vorhanden sind, so wird die Schwingungsebene des Lichtes um einen definierten Winkel gedreht. Von zwei Isomeren, d. h. Verbindungen, die sich bei gleicher Summenformel nur durch die räumliche Anordnung der Atome oder Atomgruppen im Molekül unterscheiden, dreht die eine die Ebene des polarisierten Lichts nach links

Abb. 4.4-8:
Molekül mit asymmetrischem C-Atom (*)

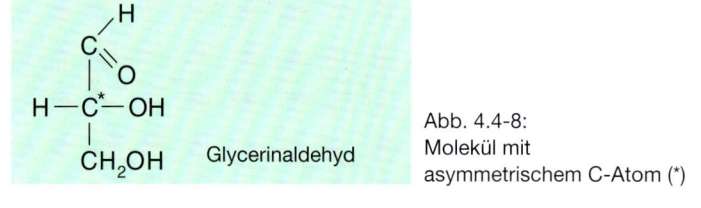

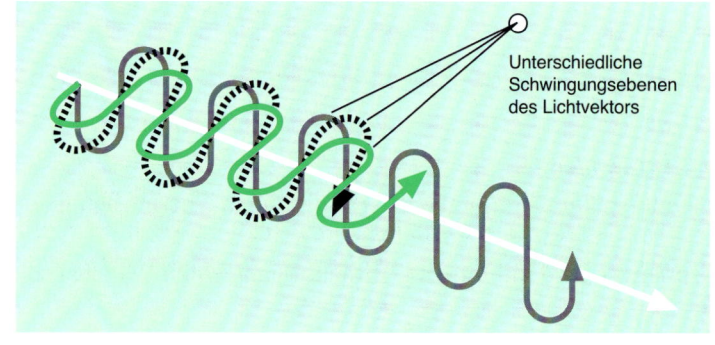

Glycerinaldehyd

Abb. 4.4-9:
Schwingungsebene des unpolarisierten Lichts

Unterschiedliche Schwingungsebenen des Lichtvektors

4 Optische Geräte

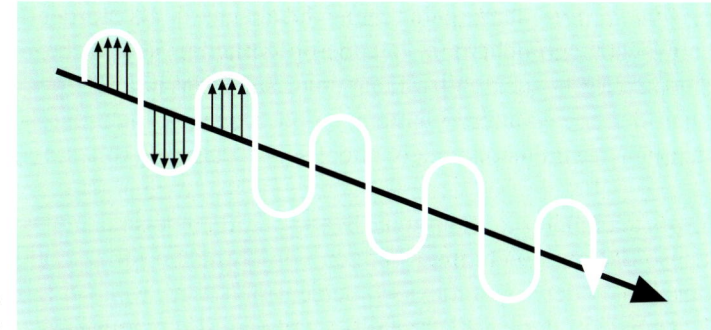

Abb. 4.4-10: Schwingungsebene des polarisierten Lichts

(−), die andere nach rechts (+), alle beide mit dem gleichen Winkel α. Man bezeichnet diesen Vorgang als optische Drehung, sie wird mit einem Polarimeter gemessen.

Natürliches Licht ist unpolarisiert (Abb. 4.4-9), d. h. es schwingt in allen Ebenen, polarisiertes Licht dagegen nur in einer Ebene (Abb. 4.4-10). Das Polarimeter besteht aus zwei hintereinander geschalteten Nicol'schen[23] Prismen, dem Polarisator, der das polarisierte Licht erzeugt, und dem Analysator, mit dem sich die Drehung der Schwingungsebene des polarisierten Lichts ablesen lässt (Abb. 4.4-11). Beide sind durch einen Glaszylinder, die Küvette, getrennt (Abb. 4.4-13).

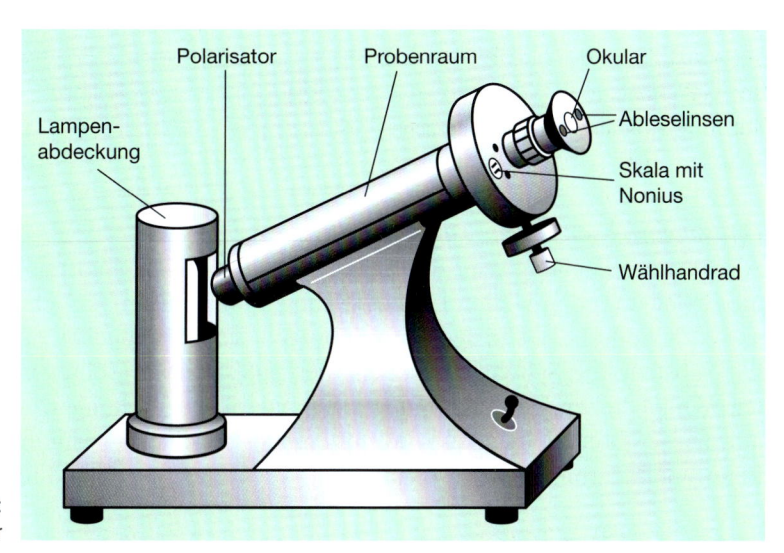

Abb. 4.4-11: Polarimeter

Strahlengang im Nicol'schen Prisma

Fällt unpolarisiertes Licht auf ein Prisma, das beispielsweise aus Kalkspat oder Quarz besteht, so wird der Lichtstrahl in zwei Strahlen aufgespalten, die in verschiedenen Richtungen im Prisma weiter laufen. Man nennt diese Erscheinung *Doppel-*

---

[23] William Nicol (1768 – 1851), englischer Physiker.

brechung. Der stark gebrochene Strahl wird als »ordentlicher Strahl« und der schwächer gebrochene als »außerordentlicher Strahl« bezeichnet. Beide Strahlen sind senkrecht zueinander linear polarisiert. Um polarisiertes Licht zu erhalten, muss einer der beiden ausgeschaltet werden. Dies geschieht durch Totalreflexion des »ordentlichen Strahls« in einem Nicol'schen Prisma (Abb. 4.4-12).

Zwei geeignet zugeschnittene Kalkspatprismen sind mit Kanadabalsam verkittet. Diese Balsamschicht muss für den »ordentlichen Strahl« optisch dünner sein, damit der Winkel der Totalreflexion überschritten wird, wenn er aus dem optisch dichteren Kalkspat auf die Kittfläche fällt. Nach dem Reflexionsgesetz bedeutet dies, dass der »ordentliche Strahl« reflektiert wird. An einer geschwärzten Seitenfläche des Prismas wird er dann absorbiert und damit ausgeschaltet. Übrig bleibt der »außerordentliche Strahl«, dessen Licht geradlinig in einer Schwingungsebene schwingt: Es ist linear polarisiert.

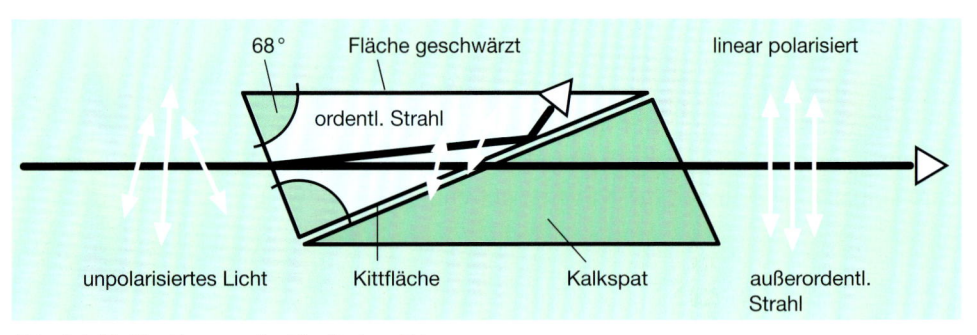

Abb. 4.4-12: Strahlengang im Nicol'schen Prisma

Optische und spezifische Drehung

Als *optische* Drehung wird die Eigenschaft bestimmter Substanzen bezeichnet, die die Ebene des polarisierten Lichtes drehen können. Man bezeichnet sie als »optisch aktiv« (s. Seite 118). Um den Anforderungen des Arzneibuches zu entsprechen, muss die Substanz die Schwingungsebene des polarisierten Lichtes um einen bestimmten Winkel drehen. Verunreinigungen verändern den Drehungswinkel oder heben ihn auf. Dieser Drehungswinkel wird mit einem Polarimeter bestimmt. Die Lichtquelle liefert monochromatisches Natriumlicht der Wellenlänge 589,3 nm.

Messung mit dem Polarimeter

1. Das Gerät wird eingeschaltet (Abb. 4.4-11). Man wartet etwa 10 Minuten, bis die größte Lichtintensität erreicht ist.
2. Dann wird die Nullstellung bei leerem Probenraum, also Luft, oder mit reinem Lösungsmittel eingestellt.
3. Das Lösungsmittel darf keine optisch aktiven Verunreinigungen enthalten, da andernfalls der Wert des Drehwinkels verfälscht würde.

4 Optische Geräte

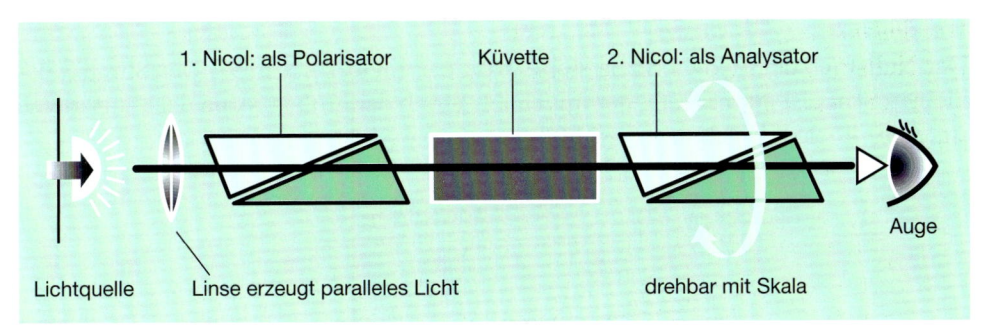

Abb. 4.4-13: Strahlengang im Polarimeter

4. Mit dem Wählhandrad werden die beiden Skalen Null gegen Null gestellt. Man sieht einen gleichmäßig gelb erleuchteten Kreis, dessen Umrisse nach der individuellen Sehschärfe des Auges am Okular scharf eingestellt werden kann. Wenn dies der Fall ist, ist das Gerät auf Null justiert.
5. Die Küvette mit der zu messenden Flüssigkeit darf keine Luftblasen enthalten. Sie wird in den Probenraum eingelegt. Es erscheinen zwei Balken auf dem dunkler gewordenen Kreis, wenn es sich um ein Dreischattengerät handelt (Abb. 4.4-14). In einem Halbschattengerät erscheint nur ein dunkler Balken.

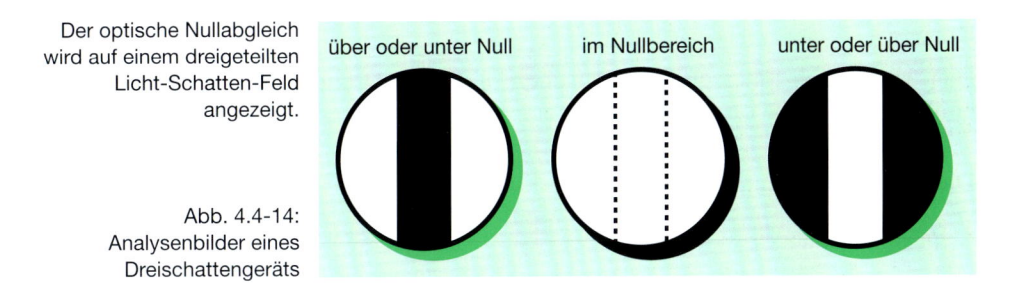

Der optische Nullabgleich wird auf einem dreigeteilten Licht-Schatten-Feld angezeigt.

über oder unter Null | im Nullbereich | unter oder über Null

Abb. 4.4-14: Analysenbilder eines Dreischattengeräts

6. Muss der Analysator am Wählhandrad im Uhrzeigersinn, d. h. nach rechts gedreht werden, um wieder vollständige Lichtdurchlässigkeit wie bei Nullstellung zu erreichen, so ist die Lösung rechtsdrehend (+). Muss der Analysator gegen den Uhrzeigersinn gedreht werden, um wieder vollständige Lichtdurchlässigkeit zu erreichen, ist die Lösung linksdrehend (−).
7. Der Drehwinkel wird auf der Skala mit dem Nonius abgelesen. Die Außenskala ist in 360° eingeteilt, die Innenskala ist der Nonius. Zwei kleine Ableselinsen rechts und links des Okulars erleichtern das Ablesen an den Skalen. Das beste Ergebnis erhält man nach folgender Formel:

$\alpha = \dfrac{\alpha_1 + \alpha_2}{2}$ $\alpha_1 + \alpha_2$ werden rechts und links von der Skala abgelesen. Wenn beide das gleiche Ergebnis haben, ist das Gerät richtig justiert.

Wie funktioniert der Nonius?
Der Nullstrich der kleinen Skala steht zwischen 9 und 10, also 9°. Der Strich 3 der kleinen Skala ist der nächste, der mit einem Strich der großen Skala deckungsgleich ist (Abb. 4.4-15). Ergebnis: α = 9,30°

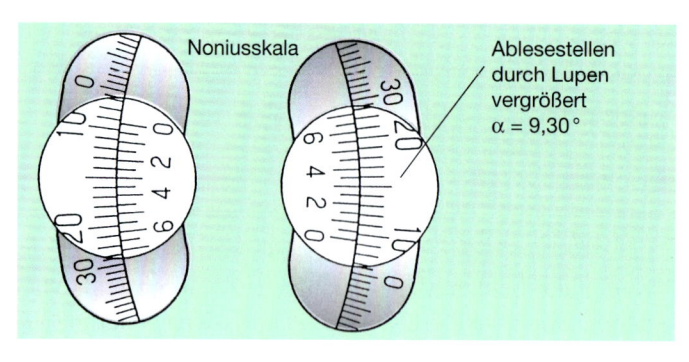

Abb. 4.4-15
Ablesen des Drehwinkels an einer Noniusskala

Der Drehwinkel ist abhängig von
- der Messtemperatur (nach Arzneibuch bei 20 °C ± 0,5 °C)
- dem Lösungsmittel (meist Wasser)
- der Schichtdicke der Lösung
- der Konzentration der Lösung

Das Arzneibuch unterscheidet zwischen *optischer* Drehung und *spezifischer* Drehung.

Die *optische* Drehung α einer optisch aktiven Flüssigkeit wird bei einer Schichtdicke von 1 Dezimeter (dm) bestimmt und mit dem abgelesenen Drehwinkel α angegeben.

Die spezifische Drehung [α] wird bei Flüssigkeiten gemessen, in denen optisch aktive Substanzen gelöst sind. Die anderen Bedingungen, wie Konzentration und Schichtdicke, werden bei der Berechnung berücksichtigt.

Es müssen mindestens fünf Messungen durchgeführt werden. Der Durchschnittswert der abgelesenen Drehwinkel wird bei der Berechnung verwendet.

$$[\alpha]_D^{20} = \frac{100 \times \alpha}{1 \times c_1} \quad \text{oder} \quad [\alpha]_D^{20} = \frac{1000 \times \alpha}{1 \times c_2}$$

α Durchschnittswert der abgelesenen Drehwinkel bei 20 °C
l Länge der Küvette in dm
c_1 Konzentration in % (m/V)
c_2 Konzentration in mol/l
D D-Linie des Natriumlichts der Wellenlänge 589,3 nm

5 Chromatographie

5.1 ■ Theoretische Grundlagen

Die Chromatographie (Griechisch: chroma = Farbe; graphein = schreiben) ist eine physikalisch-chemische Analysenmethode. Mit ihren verschiedenen Verfahren werden Substanzgemische getrennt; die Komponenten eines Gemischs verteilen sich zwischen zwei Phasen. Unter Phase versteht man hier ein Medium, einen Trägerstoff, in dem sich physikalische und chemische Vorgänge abspielen. Über eine *stationäre* (feststehende) Phase, die ein Feststoff oder eine Flüssigkeit sein kann, fließt eine *mobile* (bewegliche) Phase, die flüssig oder gasförmig sein kann. Die zu trennenden Substanzen sind in der mobilen Phase gelöst und werden auf ihrer Wanderung unterschiedlich stark an der stationären Phase zurückgehalten und so getrennt (Abb. 5.1-1). Die Substanzen werden im Wesentlichen durch *Adsorption* (Adsorptionschromatographie) oder Verteilung (Verteilungschromatographie) getrennt. (siehe Cartoon Seite 99). Selten tritt allerdings nur einer dieser Effekte auf, meist überlappen sie sich, indem der eine oder der andere Effekt überwiegt.

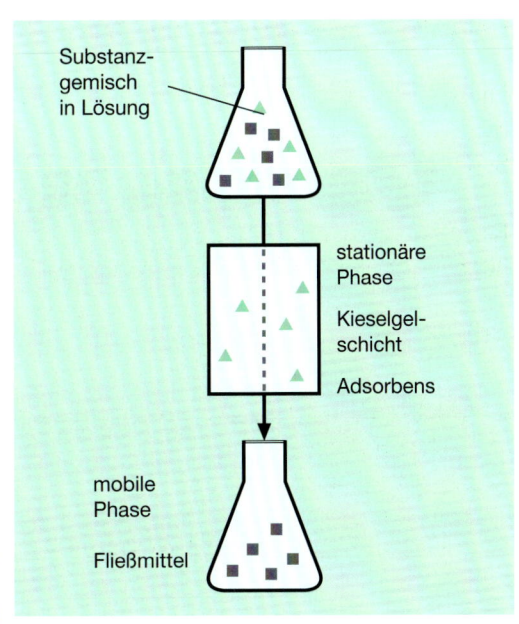

Abb. 5.1-1:
Prinzip der chromatographischen Trennung

Adsorptionschromatographie

Wenn die poröse Oberfläche eines festen Stoffes Gase, Dämpfe oder in einer Flüssigkeit gelöste Stoffe aufnehmen kann, dann spricht man von Adsorption (s. auch Seite 31). Ursache sind an der Oberfläche des Stoffes wirkende elektrostatische Dipole, die auch als »van der Waal'sche Kräfte« bezeichnet werden. Als stationäre Phase wird ein Feststoff (= Adsorptionsmittel) eingesetzt. Die mobile Phase ist flüssig (= Fließmittel).

Verteilungschromatographie

Eine Substanz verteilt sich zwischen zwei Flüssigkeiten, die nur begrenzt miteinander mischbar sind, eine Situation, wie sie auch bei einer Ausschüttelung in einem Scheidetrichter vorliegt. Die stationäre Phase ist flüssig und haftet als Flüssigkeitsfilm an einer festen inaktiven Trägersubstanz. Die mobile Phase ist auch flüssig. Das Fließmittelgemisch transportiert die zu trennenden, gelösten Substanzen an den festen Teilchen, die mit einem Flüssigkeitsfilm überzogen sind, vorbei (Abb. 5.1-2). Sie werden sich dann je nach Lösungsverhalten zwischen der flüssigen mobilen und der flüssigen stationären Phase entscheiden, denn es gilt: »Gleiches löst sich in Gleichem«, d.h. ein Stoff löst sich gut in einem Lösungsmittel, wenn er ihm chemisch und physikalisch ähnlich ist. So lösen sich polare Substanzen besser in polaren Lösungsmitteln, unpolare Substanzen besser in unpolaren Lösungsmitteln.

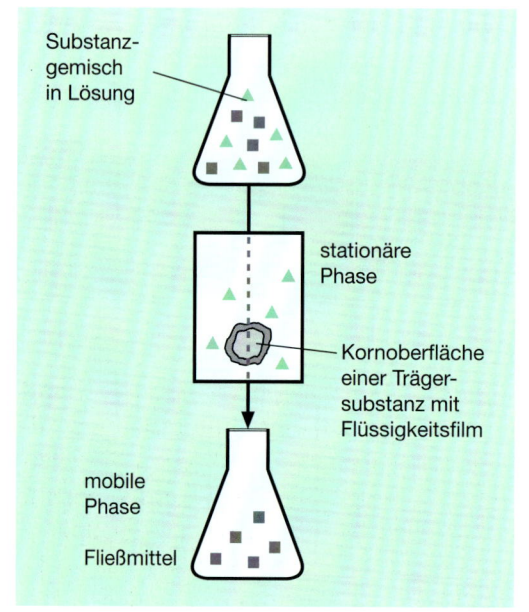

Abb. 5.1-2: Verteilungschromatographie

Nehmen wir einmal an, eine Substanz löst sich in einem Gemisch miteinander nicht gut mischbarer Flüssigkeiten in der einen Flüssigkeit zu 90 % und in der anderen zu 10 %. Von 100 mg werden also von der einen Flüssigkeit 90 mg mitgerissen, die restlichen 10 mg verbleiben in der anderen Flüssigkeit. Nun fließt mobile Phase nach, in der noch kein Stoff gelöst ist. Es lösen sich wieder 90 % des Stoffes in der einen und 10 % in der anderen Flüssigkeit. Also werden die restlichen 10 mg Stoff aufgeteilt in 9 mg, die mitgerissen werden, und 1 mg, das zurück bleibt. Es fließt wieder reines Gemisch nach. Der Vorgang wiederholt sich. Die Restsubstanz liegt im Verhältnis 0,9 mg zu 0,1 mg vor.

Dies ist das Prinzip der Verteilungschromatographie, die auch dem Ausschüttelungsvorgang in der chemischen Analytik zugrunde liegt. Da in der Chromatographie aber meist mehrere Stoffe voneinander getrennt werden, ist alles natürlich viel komplizierter. So findet dann ein ständiger Wechsel zwischen Adsorption und Verteilung statt, der schließlich zur vollständigen Trennung eines Substanzgemisches in seine Einzelstoffe führt.

5.2 ■ Chromatographieverfahren

Nach der technischen Durchführung unterscheidet man:
- Dünnschichtchromatographie (DC)
- Hochdruckdünnschichtchromatographie
  (HPTLC: High-performance-thin-layer-chromatography)
- Säulenchromatographie (SC)
- Hochdruckflüssigchromatographie
  (HPLC: High-performance-liquid-chromatography)
- Gaschromatographie (GC)
- Papierchromatographie (PC)

Dünnschichtchromatographie (DC)
Die Substanzen werden im Wesentlichen durch Adsorption getrennt. Zur DC wird eine Glasplatte, Aluminium- oder Kunststofffolie verwendet, die mit dem porösen Adsorptionsmittel Kieselgel oder Aluminiumoxid beschichtet ist. Mit einem sehr weichen Bleistift wird die Startlinie gekennzeichnet, auf der die gelösten Substanzen mit einer Kapillare punkt- oder bandförmig aufgetragen werden. Die Dünnschichtplatte wird dann in eine Chromatographiekammer gestellt, auf deren Boden sich das Fließmittel befindet (Abb. 5.2-1). Die Kammer sollte vom Dampf des Fließmittels gesättigt sein. Das erreicht man bei größeren Kammern, indem sie mit Filtrierpapierstreifen ausgelegt werden, die sich mit dem Fließmittel vollsaugen und so die Verdunstung verstärken. Die Startlinie mit den Substanzflecken muss sich etwas über der Oberfläche des Fließmittels befinden. Die Kammer wird rasch verschlossen. Das Fließ-

mittel steigt nun aufgrund der Kapillarität des Sorptionsmittels entgegen der Erdanziehung vertikal nach oben und löst die Stoffe aus dem Substanzgemisch oder den aufgetragenen Einzelstoff unterschiedlich schnell aus den Startflecken heraus (Desorption) und nimmt sie mit sich (Abb. 5.2-2). Hat das Fließmittel nach etwa 20 bis 30 Minuten fast das Ende der Platte erreicht, wird der Vorgang unterbrochen. Die Lösungsmittelfront wird markiert. Die Platte wird anschließend getrocknet. Gefärbte Substanzen sind sofort sichtbar, farblose müssen sichtbar gemacht werden. Dies geschieht entweder durch UV-Licht, dann fluoreszieren die Stoffe, oder sie werden mit chemischen Reagenzien besprüht, die mit den Substanzflecken farbige und damit sichtbare Verbindungen entwickeln.

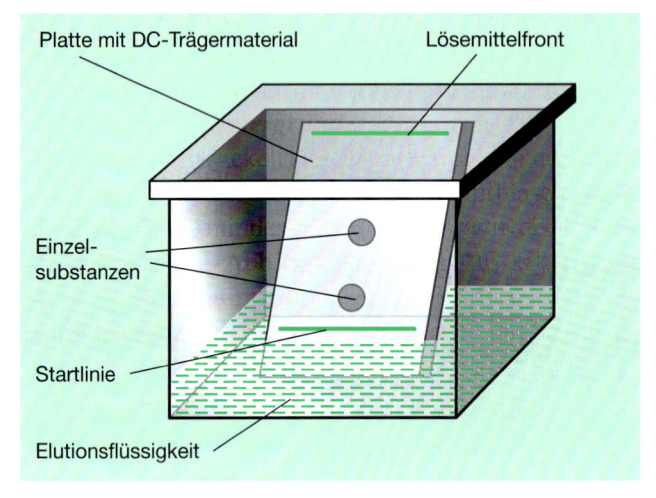

Abb. 5.2-1: Chromatographiekammer zur Anfertigung eines Dünnschichtchromatogramms

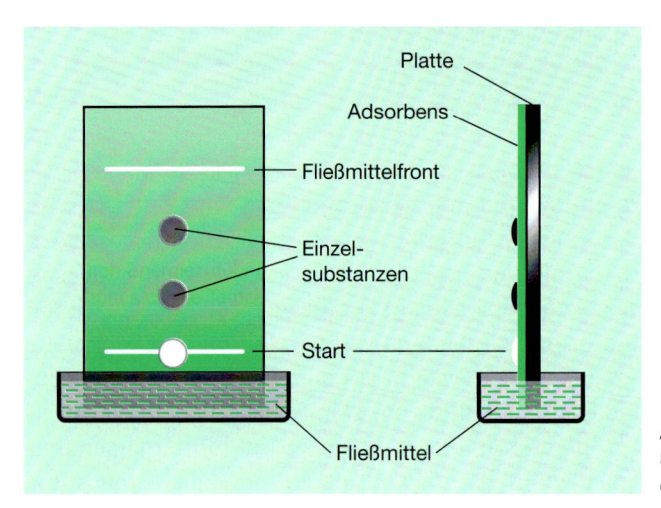

Abb. 5.2-2: Stoffverteilung im Dünnschichtchromatogramm

Stationäre und mobile Phase

Um ein einwandfreies Chromatogramm herzustellen, müssen folgende Fragen beantwortet werden:

- Welches Adsorptionsmittel wählt man als stationäre Phase: feinkörnig oder grobkörnig? Welche Beimengungen?
- Wie lösen sich die einzelnen Substanzen in der mobilen Phase, also dem Fließmittel?
- Muss das Fließmittel polar/hydrophil oder unpolar/lipophil sein?
- Wie stark werden die Substanzen, die getrennt werden sollen, von der stationären Phase adsorbiert?

Die *stationäre* Phase darf sich nicht im Fließmittel lösen. Die Adsorbentien, die am häufigsten verwendet werden, sind Kieselgel und Aluminiumoxid. Calciumsulfat (Gips) als Beimengung erhöht die Haftung an der Platte. Das Adsorptionsmittel hat eine große Oberfläche. Je feinkörniger es ist, umso stärker ist die Adsorption. Allerdings nimmt dann die Durchflussgeschwindigkeit ab. Ein Maß für die Adsorptionskraft sind die sogenannten *Aktivitätsstufen nach Brockmann*. Die höchste Aktivitätsstufe hat die Ziffer I, die niedrigste Aktivitätsstufe die Ziffer V. Die am häufigsten verwendeten Sorptionsmittel haben eine mittlere Aktivitätsstufe (II–III).

Die *mobile* Phase wird auch als Fließ-, Lauf- oder Eluierungsmittel bezeichnet und aus der *eluotropen* Reihe nach seiner Polarität ausgewählt.

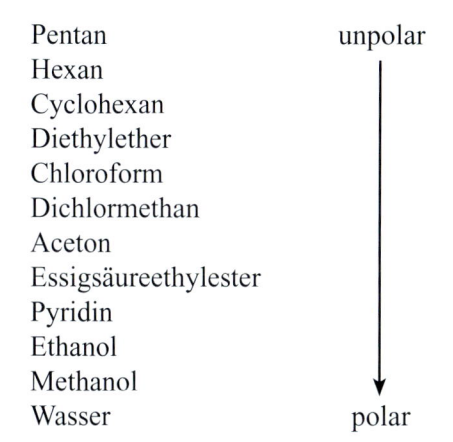

Pentan	unpolar
Hexan	
Cyclohexan	
Diethylether	
Chloroform	
Dichlormethan	
Aceton	
Essigsäureethylester	
Pyridin	
Ethanol	
Methanol	
Wasser	polar

Das Adsorptionsmittel und das Fließmittel müssen auf die Substanz abgestimmt sein. Dabei hilft das Dreieckschema in Abbildung 5.2-3. Die Spitze des drehbaren Dreiecks in der Mitte zeigt auf die Polaritätseigenschaften der Substanz, also polar = hydrophil oder unpolar = lipophil. Daraus ergibt sich über die anderen Dreiecksspitzen, wie die stationäre und die mobile Phase auszuwählen ist. In dem angezeigten Beispiel ist die Substanz lipophil. Das Fließmittel sollte deshalb unpolar, das Adsorptionsmittel hoch aktiv sein.

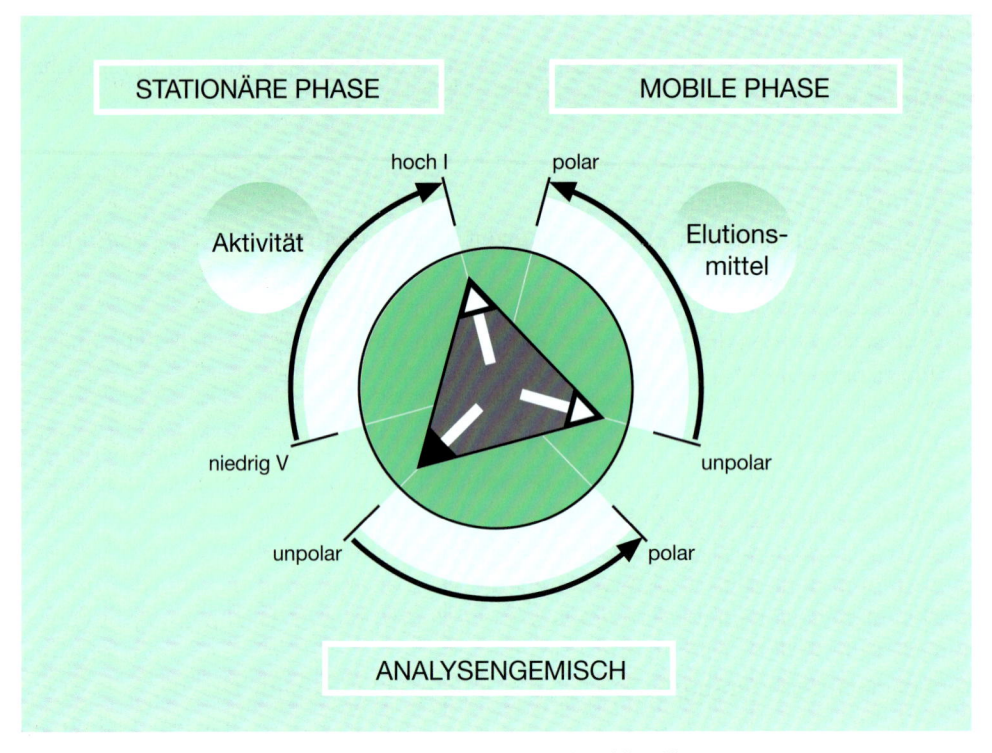

Abb. 5.2-3: Dreieckschema zur Auswahl der stationären und mobilen Phase

In der Arzneibuchanalytik, bei der es in der Regel darauf ankommt, einen Arzneistoff dünnschichtchromatographisch zu identifizieren oder Verunreinigungen auszuschließen, sind die Zusammensetzung des Fließmittelgemisches, der stationären Phasen und die Konzentrationen der Untersuchungslösungen vorgeschrieben.

Auswertung des Chromatogramms

Ein wichtiges Merkmal für eine Substanz ist ihr R_f-Wert (Retentions-, Rückhaltefaktor, Relate to front). Gemessen werden die Wanderungsstrecke der Substanz und die Wanderungsstrecke der Fließmittelfront in cm (Abb. 5.2-4). Eine Substanz, die am Startpunkt liegen bleibt, hat den R_f-Wert 0, eine Substanz, die mit der Fließmittelfront wandert, den R_f-Wert 1. Der R_f-Wert ist also immer kleiner als 1 und bei definierten Bedingungen, wie z. B. Luftfeuchtigkeit, Kammersättigung, Temperatur, eine konstante reproduzierbare Erkennungsgröße. Da die Reproduzierbarkeit der R_f-Werte nur unter Einhaltung der Versuchsbedingungen möglich, dies aber schwierig ist, werden die Stoffe, die man im Chromatogramm erwartet, als reine Testsubstanzen mitchromatographiert.

$$R_f\text{-Wert} = \frac{\text{Weg der Substanz}}{\text{Weg des Fließmittels}}$$

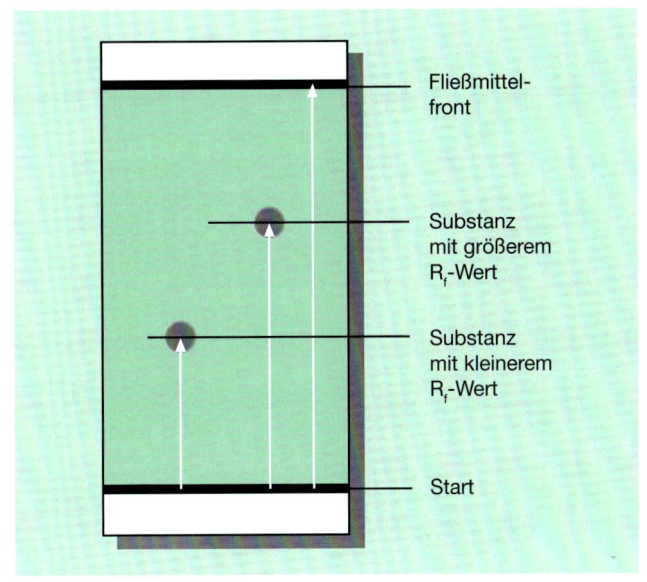

Abb. 5.2-4:
Ermittlung des R_f-Wertes

(Beschriftungen: Fließmittelfront; Substanz mit größerem R_f-Wert; Substanz mit kleinerem R_f-Wert; Start)

Hochdruckdünnschichtchromatographie (HPTLC)

Die HPTLC verwendet, verglichen mit der herkömmlichen Dünnschichtchromatographie, hochaktive Adsorbentien, deren Teilchengröße nur etwa 5 μm (Mikrometer) beträgt. Die Plattengröße kann deshalb auf 5 x 5 cm verringert werden. Die Substanzlösung wird mit Mikrokapillaren (0,5 μl, 1 μl) aufgetragen. Je kleiner die Startflecken aufgetragen werden, umso besser können sich die Substanzen trennen.

Im Deutschen Arzneimittel-Codex ist in Anlage 11 ein Verfahren der Mikro-Dünnschichtchromatographie beschrieben, bei dem ebenfalls kleine Platten mit wenig Fließmittel verwendet werden. Die stationäre Phase ist allerdings grobkörniger und die Platten sind daher preiswerter.

Flüssigchromatographie

In der Flüssigchromatographie, auch als Liquidchromatographie mit der Abkürzung LC bezeichnet, wird in jedem Falle eine Säule, die das Adsorptionsmittel enthält, verwendet. Man findet daher in der Literatur auch oft den Begriff »Säulenchromatographie (SC)« (Abb. 5.2-5). Je nachdem, welche physikalischen Vorgänge bei der chromatographischen Trennung eines Substanzgemisches überwiegen, unterscheidet man in der Flüssigchromatographie auch hier die Adsorptionschromatographie oder die Verteilungschromatographie.

1 Zu Beginn der Trennung
2 Nach der Trennung
3 Mobile Phase
4 Stationäre Phase
5 Stoffgemisch
6 Getrennte Stoffe

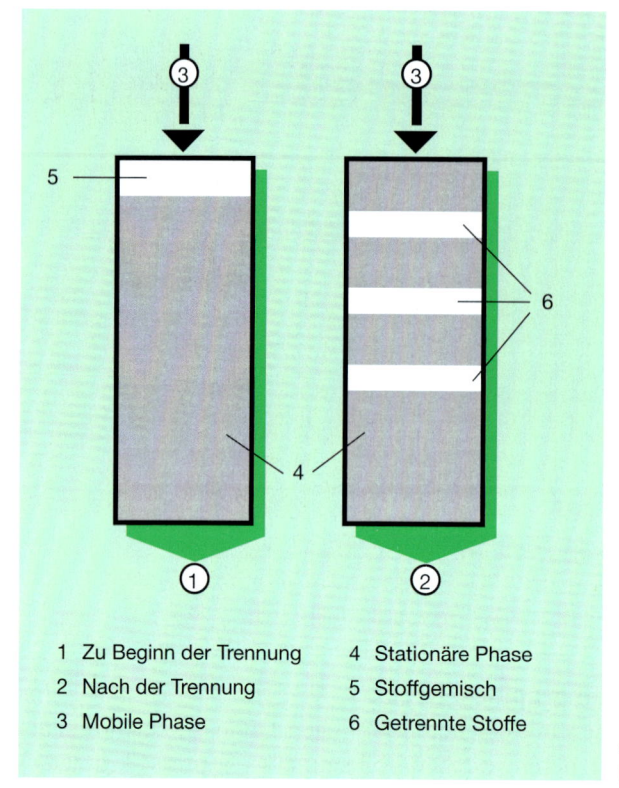

Abb. 5.2-5:
Prinzip der Säulenchromatographie

Adsorptionschromatographie

Die *stationäre* Phase ist ein geeignetes poröses Adsorptionsmittel, z. B. Aluminiumoxid, Kieselgel oder Cellulose, das eine senkrechte Trennsäule, z. B. ein Glasrohr, füllt. Zuerst wird die Säule mit dem Fließmittel (Elutionsmittel) befeuchtet. Anschließend wird die *mobile* Phase, das ist die Lösung, die die Substanzen gelöst enthält, auf die Säule getropft (Abb. 5.2-6). Die Lösung fließt nun durch das Adsorbens. Die einzelnen Substanzen werden nach ihren polaren Eigenschaften unterschiedlich leicht festgehalten (adsorbiert) und auch wieder losgelassen (desorbiert). Alle diese Vorgänge hängen natürlich auch von der Aktivität des Adsorbens, von der Konzentration der Substanzlösung und der Temperatur ab. Normalerweise wird die Säule zum Abschluss noch einmal mit reinem Lösungsmittel beschickt.

Die einzelnen Substanzen wandern in der Säule verschieden schnell abwärts. Moleküle, die stark adsorbiert werden und in der mobilen Phase weniger löslich sind, wandern langsam und setzen sich am oberen Ende der Säule ab. Moleküle, die schwächer adsorbiert werden und gut löslich sind, wandern mit der mobilen Phase weiter und und setzen sich weiter unten ab.

5 Chromatographie

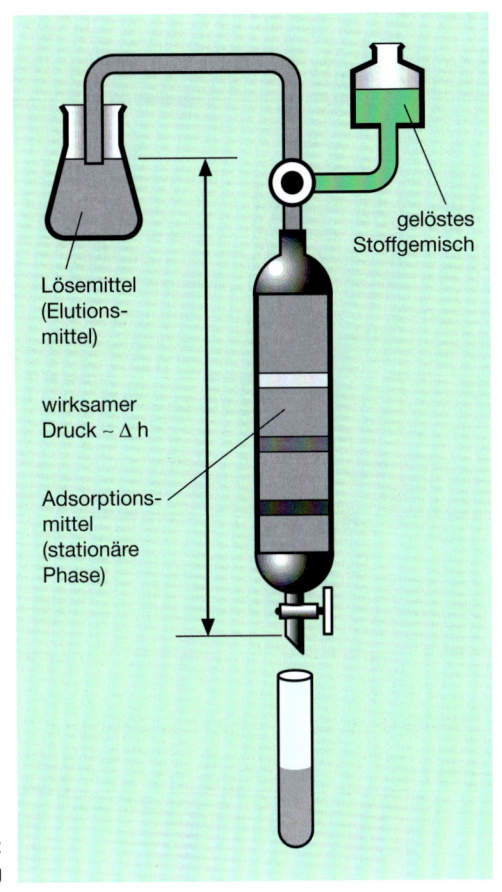

Abb. 5.2-6:
Säule nach der Trennung

Verteilungschromatographie
Die *mobile* Phase fließt mit den gelösten Substanzen über die *stationäre* Phase. Die Trennsäule ist hier ebenfalls mit einem feinkörnigen, porösen Feststoff gefüllt, dessen Oberfläche aber mit einem Flüssigkeitsfilm überzogen ist (Abb. 5.2-7). Wenn die Substanzen als Lösung durch die Säule fließen, werden sie wegen ihrer unterschiedlichen Löslichkeit und abhängig von ihrer Polarität entweder im Lösungsmittel verbleiben und weiterwandern oder sie werden im Flüssigkeitsfilm des Adsorbens adsorbiert und sich anreichern. Die Substanzen, die schnell wandern, erreichen noch während des Chromatographierens das Ende der Säule und werden in der ablaufenden Flüssigkeit, dem Eluat, gefunden. Dort können sie in verschiedenen Reagenzgläsern aufgefangen und nachgewiesen werden. Die langsam wandernden Substanzen verbleiben in der Säule (Abb. 5.2-8). Falls sie farbig sind, werden sie in der Säule an der Stelle ihrer Adsorption sichtbar sein. Wenn sie fluoreszieren, können sie mit UV-Licht sichtbar gemacht werden.

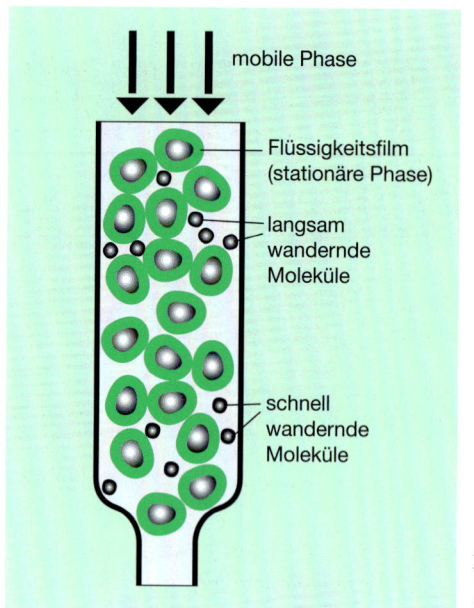

Abb. 5.2-7:
Trennung bei der Verteilungschromatographie (schematisch)

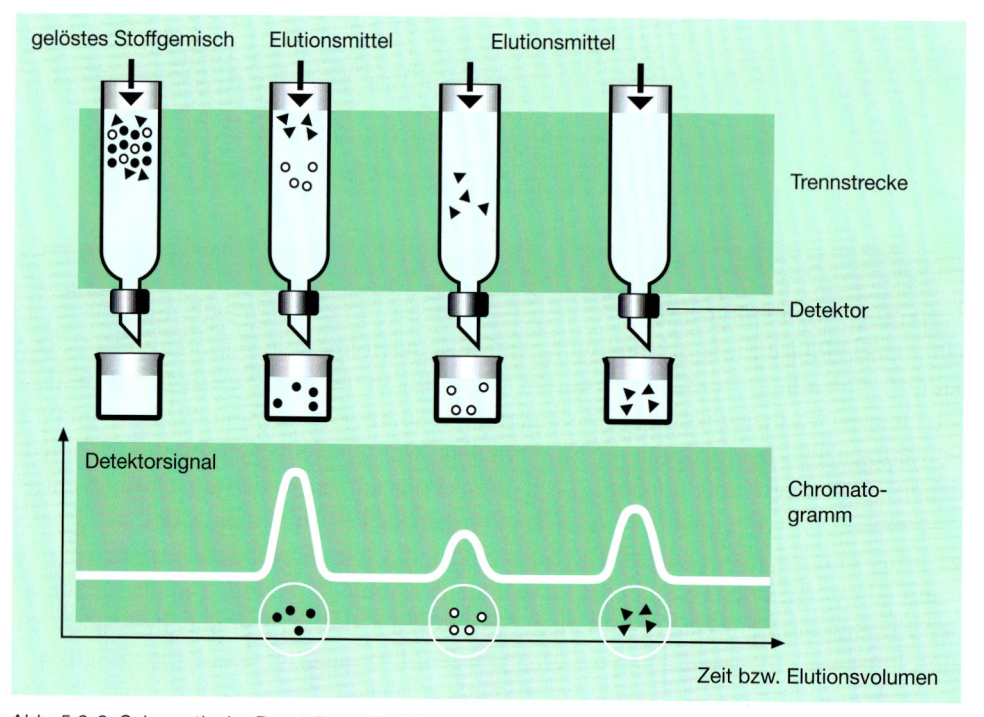

Abb. 5.2-8: Schematische Darstellung des Trennungsvorganges

Hochdruckflüssigchromatographie

Die Hochdruckflüssigchromatographie ist eine spezielle Säulenchromatographie. Um das Auflösungsvermögen zu steigern, verwendet man bei der HPLC ein Adsorbens, dessen Teilchen einen Durchmesser von etwa 5 bis 10 µm haben. Verglichen mit der klassischen Säulenchromatographie, bei der die Teilchengröße des Adsorbens etwa 100 µm beträgt, sind die Teilchen hier so klein und haben daher so viel Widerstand, dass die Flüssigkeit mit einer Pumpe durch die Säule gepresst werden muss.

Der Hochdruckflüssigchromatograph (Abb. 5.2-9) besteht im Wesentlichen aus

- einer Pumpe, die das Fließmittel aus einem Vorratsgefäß durch das Trennsystem presst,
- einem Auftragesystem, mit dem die zu trennenden Substanzen auf die Säule getropft werden,
- einer Trennsäule, die mit einem geeigneten Adsorptionsmittel gefüllt ist, und
- einem Detektor (Nachweisgerät, Anzeiger) mit einem Schreiber.

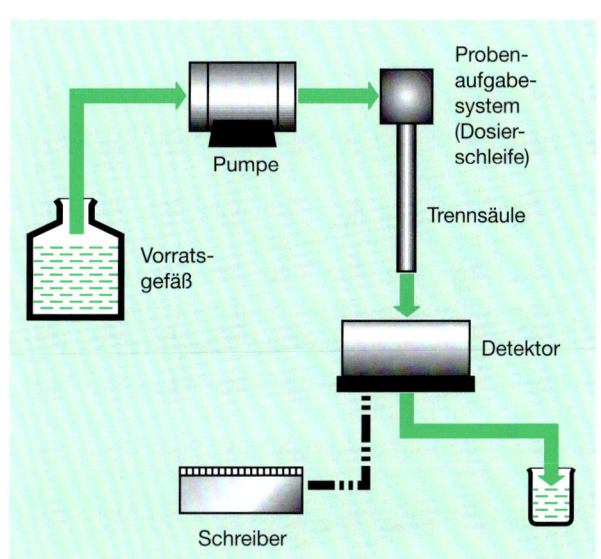

Abb. 5.2-9:
Schematische Darstellung eines Gerätes zur Hochdruckflüssigchromatographie (HPLC)

Vorgänge während des Chromatographierens

Das Fließmittel, das sich in einem Vorratsgefäß befindet, wird zur Trennsäule gepumpt. Wenn es die Säule erreicht hat, wird es zusammen mit der Lösung der Substanzen über eine Dosierschleife auf das Säulenmaterial aufgetragen. Die Säulen haben in diesem Verfahren einen Durchmesser von nur etwa 2 bis 5 mm und eine Länge bis zu 50 cm. Die Zeit, die eine Substanz vom Auftragen durch die Dosierschleife an bis zur Detektion (Sichtbarmachung) am Säulenende benötigt, nennt man *Retentionszeit*. Getrennt werden die Substanzen, weil sie mit zunehmender Verzögerung aus der Säule eluiert werden. Entscheidend ist, wie lange die Substanz in dem dünnen Flüssigkeitsfilm auf den Porenwänden und in den Poren des Sorptionsmittels, also der stationären Phase, verbleibt.

Zur Detektion werden unterschiedliche Detektoren verwendet. So werden z. B. von einem elektrochemischen Detektor chemische Reaktionen in elektrische Signale umgewandelt und als charakteristische Peaks (Gipfel) über einen Schreiber aufgezeichnet. Die einzelnen Substanzen können dann mit einem Diagramm identifiziert werden (Abb. 5.2-11). Hierzu ist es jedoch erforderlich, dass man weiß, welche Substanz an welcher Stelle und nach welcher Zeit als Peak erscheint.

Substanzen, die von einem elektrochemischen Detektor gemessen werden können, werden durch Absorption von sichtbarem Licht oder UV-Licht, durch Fluoreszenz oder durch Bestimmung des Brechungsindex oder durch Leitfähigkeitsmessungen usw. nachgewiesen.

Gaschromatographie
Die Gaschromatographie (GC) ist ein rein verteilungschromatographisches Trennverfahren. Voraussetzung für die gaschromatographische Analyse ist, dass sich das Untersuchungsmaterial vollständig und unzersetzt in den gasförmigen Zustand überführen lässt. Die zu untersuchende Substanz ist also ein Gas, eine verdampfbare Flüssigkeit oder ein verdampfbarer Feststoff. Diese Gase werden mit einem Trägergas (*mobile Phase*), z. B. Helium oder Stickstoff, durch eine thermostatisierte Trennsäule geführt, in der sie aufgetrennt werden. Die Trennsäule ist entweder mit einem Adsorptionsmittel gefüllt, dessen Teilchen mit einem Flüssigkeitsfilm, z. B. Silikonöl oder Polyglykolen, überzogen sind (*stationäre Phase*) oder die Trennsäule ist eine hohle Kapillarsäule, an deren Innenwänden ein Flüssigkeitsfilm als stationäre Phase haftet. Die einzelnen Substanzen passieren nacheinander einen Detektor, der sich am Säulenende befindet und der entweder die Wärmeleitfähigkeit, die Flammenionisation oder den Elektronenfluss misst. Er registriert jede einzelne Substanz über einen Schreiber oder einen Computer (Abb. 5.2-10, 5.2-11).

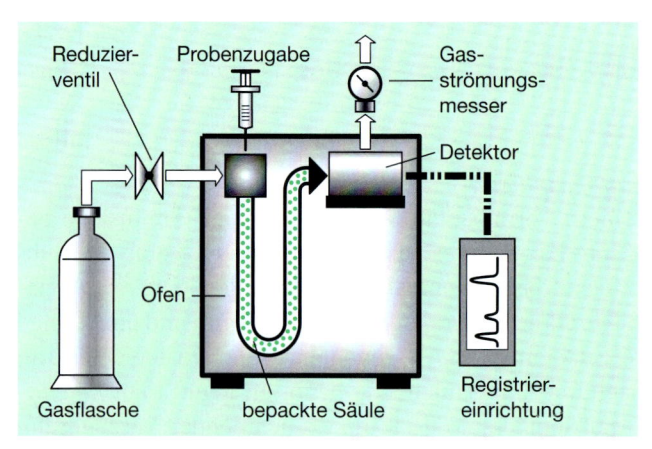

Abb. 5.2-10:
Schematische Darstellung eines Gaschromatographen

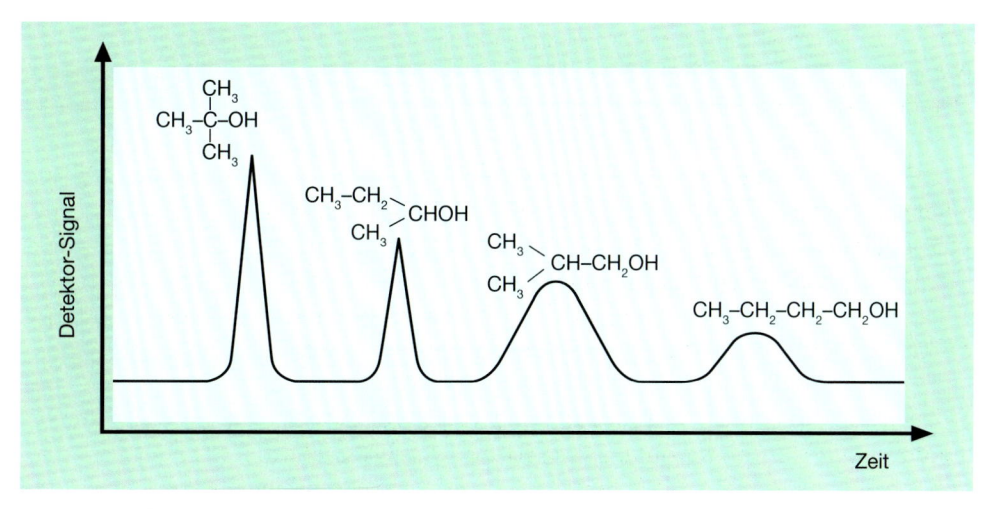

Abb. 5.2-11: Gaschromatogramm einer Mischung der vier isomeren Butylalkohole

Papierchromatographie
Mit der Papierchromatographie (PC) werden vorwiegend Stoffgemische durch Verteilung getrennt. Als stationäre Phase verwendet man Filtrierpapier oder spezielles PC-Papier, in dessen Cellulosefasern bis zu 10 % Wasser eingelagert sind. Dieses ist die eigentliche *stationäre* Phase. Das zu trennende Stoffgemisch wird meistens punktförmig etwa 2 cm vom Rand des Papiers aufgetragen und wie bei der Dünnschichtchromatographie in eine Chromatographiekammer gestellt, deren Boden mit Fließmittel bedeckt ist. Das Fließmittel (*mobile* Phase) steigt durch die Kapillarkräfte in dem Papier hoch, eluiert die Substanzen aus dem Startpunkt und reißt sie mit sich.

5.3 ■ Und so wird's gemacht!

Das Schnelltest-Set für die Hochleistung-Dünnschichtchromatographie besteht aus

- der Horizontal-Trennkammer (H) für ein Plattenformat von 5 x 5 cm mit Frittenstäbchen und Deckscheibe (Abb. 5.3-1)
- den HPTLC-Glasfertigplatten, z. B. mit Kieselgel 60 F_{254} beschichtet
- Einmal-Kapillarpipetten (Volumen: 0,5 µl)
- Schablone, um die entsprechenden Lösungen in gleicher Höhe auftragen zu können (Abb. 5.3-2)

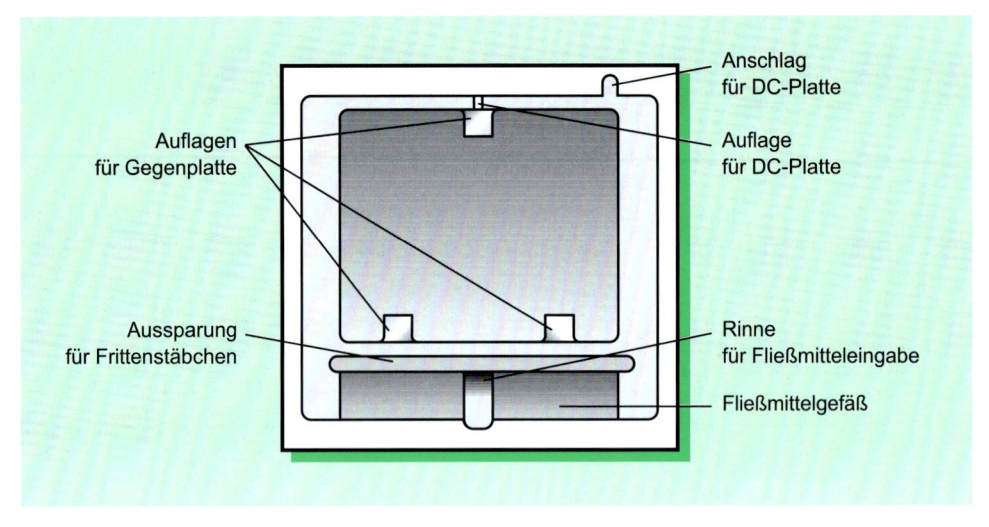

Abb. 5.3-1: Schematische Darstellung der H-Trennkammer in der Aufsicht

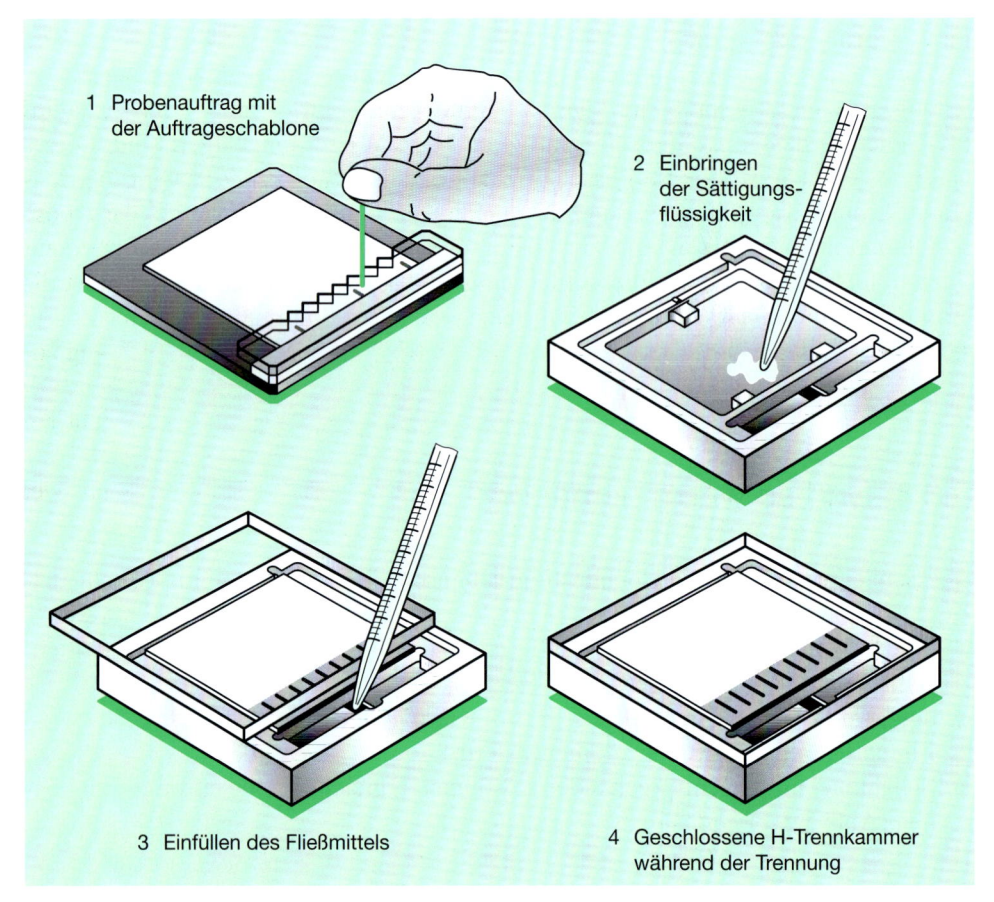

1 Probenauftrag mit der Auftrageschablone

2 Einbringen der Sättigungsflüssigkeit

3 Einfüllen des Fließmittels

4 Geschlossene H-Trennkammer während der Trennung

Abb. 5.3-2: Arbeitsverfahren mit einer H-Trennkammer

BEISPIEL 1

Dünnschichtchromatographische Prüfung organischer Arzneistoffe auf Reinheit nach dem Arzneibuch unter der Überschrift:

»Verwandte Substanzen«
Dieses Verfahren kann sehr schnell, mit kleinsten Mengen und ohne großen Aufwand in der Apotheke durchgeführt werden. Es ist eine halbquantitative Prüfung und setzt voraus, dass sich die verwandten Substanzen, die bei der Herstellung in die Substanz gelangt sein können, in gleicher Weise und mit der gleichen Empfindlichkeit detektieren lassen wie die Substanz selbst. Die Chromatographieflecken lassen sich an ihrer Farbintensität vergleichend messen. Der Fleck der Referenzlösung, die aus der Untersuchungslösung hergestellt wird und oft 1 : 100 verdünnt ist, gilt somit als »visueller Grenzwert« für Verunreinigungen. Bei der chromatographischen Prüfung auf verwandte Substanzen geht man, wie folgt, vor:

1. Untersuchungslösung und Referenzlösung werden mit der Schablone und Mikrokapillaren punktförmig aufgetragen. Das Frittenstäbchen wird in die Kammer eingesetzt.
2. Etwa 2 ml Fließmittel werden mit einer Pipette in die untere Rinne eingefüllt.
3. Mit einigen Tropfen Fließmittel, die auf den Kammerboden getropft werden, wird Kammersättigung hergestellt.
4. Die Platte wird mit der beschichteten Seite nach unten auf die Kammer gelegt. Dabei muss die Platte die Fritte unterhalb der Startpunktreihe berühren. Die poröse Glasfritte saugt das Fließmittel aus der Fließmittelrinne und stellt die Brücke zur Plattenbeschichtung her. Das Fließmittel wandert nun horizontal weiter, löst die Substanzen aus den Startflecken und nimmt sie mit.
5. Ist das Fließmittel zu etwa 80 % die Platte entlang gelaufen, wird der Vorgang unterbrochen.
6. Nach dem Trocknen der Platte wird das Chromatogramm unter UV-Licht bei 254 nm ausgewertet.
7. Bei der Untersuchungslösung treten zwei Nebenflecken auf, die farblich intensiver entwickelt sind als der Fleck der Referenzlösung (Abb. 5.3-3).
8. Fehlerhafte Chromatogramme siehe Abb. 5.3-5.

Ergebnis: Die Substanz entspricht nicht den Anforderungen des Arzneibuches. Sie ist mit zwei Substanzen über das erlaubte Maß hinaus belastet.

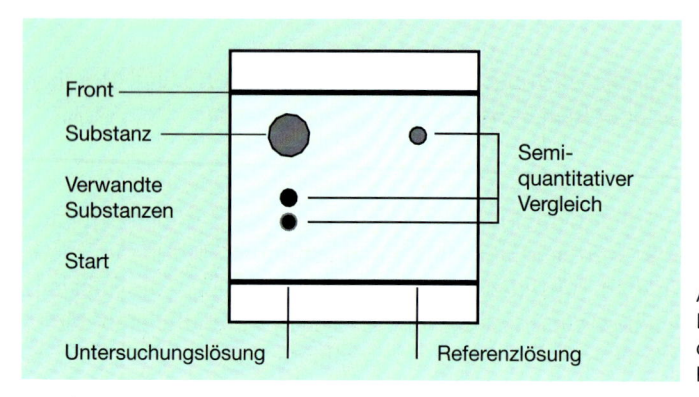

Abb. 5.3-3: Dünnschichtchromatographische Reinheitsprüfung

BEISPIEL 2

Dünnschichtchromatographische Prüfung von Sennesblättern auf Identität nach der Monographie des Arzneibuches

Untersuchungslösung:	ethanolischer Drogenauszug
Referenzlösung:	Sennesextrakt als Referenzsubstanz (CRS), in Ethanol gelöst.
Aufzutragende Menge:	1 µl
Stationäre Phase:	Hochleistungs-Kieselgel G
Mobile Phase:	Fließmittelgemisch aus 1 Volumteil Essigsäure, 30 Volumteilen Wasser, 40 Volumteilen Ethylacetat, 40 Volumteilen 1-Propanol
Format der Platte:	5 × 5cm
Nachweisreagenzien:	Salpetersäure und Kaliumhydroxid zum Besprühen der Platte

Auswertung des DC:
Untersuchungs- und Referenzlösung werden bandförmig aufgetragen. Dabei bilden sich nicht Flecken, sondern Zonen. Die Hauptzonen im Chromatogramm der Untersuchungslösung entsprechen in Bezug auf Lage, Farbe und Größe den Hauptzonen im Chromatogramm der Referenzlösung. Die Sennoside B, A, D und C erscheinen in dieser Reihenfolge mit steigenden R_f-Werten. Zwischen den beiden Zonen Sennosid D und C ist auch die Zone des Rhein-8-glukosid sichtbar (Abb. 5.3-4).

Ergebnis: Es handelt sich um Sennesblätter.

5 Chromatographie

		RF	Färbung
	◯	0,83	gelb / gelb-grün
	▬	0,70	rötlich
Sennosid C	◯	0,63	gelb
	▬	0,60	rötlich
Rhein-8-glukosid	▬	0,55	rötlich
Sennosid D	▬	0,50	rötlich
Sennosid A ▬	▬	0,41	rötlich
	◯	0,37	gelb
Sennosid B ▬	▬	0,27	rötlich

Referenzlösung — Untersuchungslösung

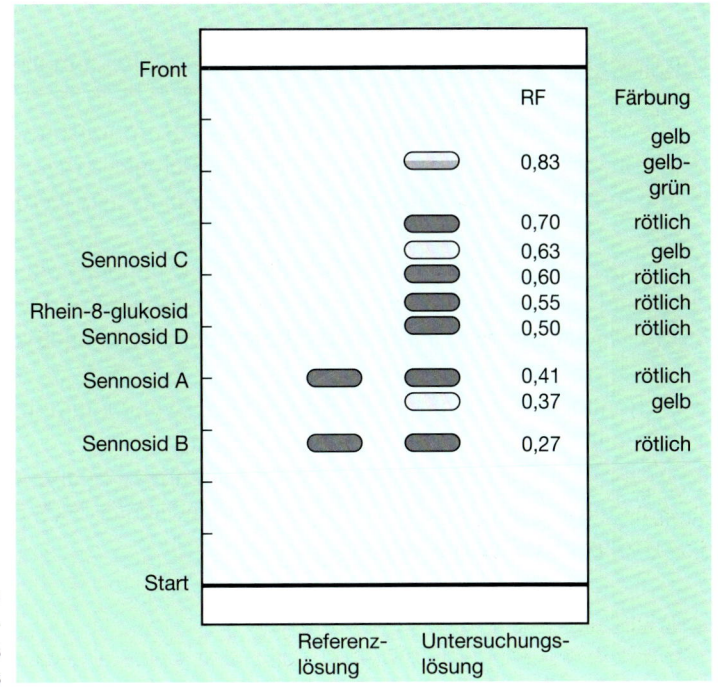

Abb. 5.3-4: Dünnschichtchromatogramm eines Sennesblätterextrakts

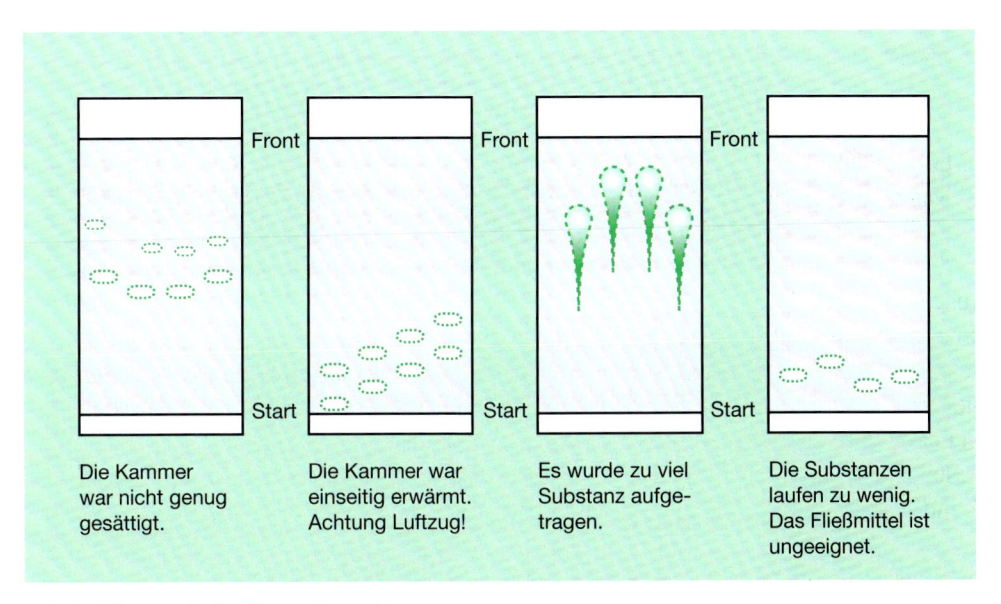

| Die Kammer war nicht genug gesättigt. | Die Kammer war einseitig erwärmt. Achtung Luftzug! | Es wurde zu viel Substanz aufgetragen. | Die Substanzen laufen zu wenig. Das Fließmittel ist ungeeignet. |

Abb. 5.3-5: Fehlerhafte Chromatogramme

MERKE

Um eine chromatographische Analyse durchzuführen, braucht man drei Medien:

- die stationäre Phase: Lösungsmittel oder Adsorptionsmittel
- die mobile Phase: Lösungsmittel, Fließmittel oder Trägergas
- die Analysenprobe: Substanzgemisch, das analysiert werden soll

Wegen der unterschiedlichen Löslichkeit (polar/unpolar) oder Adsorptionsfähigkeit der einzelnen Substanzen konkurrieren die stationäre und mobile Phase um diese Stoffe. Nach den chemisch-physikalischen Vorgängen unterscheidet man zwischen

- Verteilungschromatographie: Konkurrenz zweier kaum miteinander mischbarer Lösungsmittel um die zu trennenden Substanzen
- Adsorptionschromatographie: Konkurrenz eines Fließmittels und eines Adsorbens um die gelösten Stoffe. Je nach angewandter Methode unterscheidet man zwischen DC, SC, GC und PC.

6 Spektroskopie

6.1 ■ Physikalischer Hintergrund

Die Spektroskopie (lateinisch: spectrum = Bild, Erscheinung; griechisch: scopein = betrachten) nutzt zur Analytik bestimmte Strahlenbereiche des elektromagnetischen Spektrums (Abb. 6.1-1; s. auch Seite 102), um die räumlichen Strukturen der Moleküle aufzuklären, ihre Identität und ihren Gehalt zu bestimmen. Spektroskopische Bestimmungen werden normalerweise in der Apotheke nicht durchgeführt, weil der instrumentelle Aufwand zu groß ist.

Werden Atome, Moleküle, Ionen oder Stoffgemische elektromagnetischer Strahlung ausgesetzt, nehmen sie deren Energie auf und verändern deshalb ihre physikalischen Eigenschaften. Diese Energie kann entweder nur aufgenommen (absorbiert), aufgenommen und wieder abgegeben (absorbiert und dann emittiert) werden oder Schwingungen der Teilchen bzw. bestimmter Molekülstrukturen verursachen.

So können langwellige Radiowellen z.B. den Spin, das ist die Eigenrotation der Elektronen oder Atomkerne (Nukleonen) eines Moleküls, so anregen, dass sie absorbiert werden. Von dieser Eigenschaft macht man in der *Elektronenspinresonanz-Spektroskopie (ESR)* und in der *Kernresonanzspektroskopie (NMR)* Gebrauch. Eine der NMR (Nuclear magnetic resonance) verwandte Messmethode ist die *Kernspin-Tomographie*, die zur Darstellung der Knochen und Organe in der diagnostischen Medizin eingesetzt wird. Sie ist ungefährlicher als die *Computer-Tomographie (CT)*, da sie nicht, wie diese, Röntgenstrahlen verwendet.

Bei der *UV/Vis-Spektroskopie* absorbieren die äußeren Elektronen elektromagnetische Strahlung aus dem ultravioletten (UV) und dem sichtbaren (visuellen) Spektrum des Lichts, bei der *Infrarot-Spektroskopie (IR)* bringt die Energie der Wärmestrahlung dieses nicht sichtbaren Anteils des Lichts die Moleküle zum Schwingen. Mit diesen beiden absorptionsspektroskopischen Methoden können Stoffe je nach Verfahren identifiziert, ihre Struktur aufgeklärt und ihr Gehalt bestimmt werden.

```
10⁻¹⁴   10⁻¹²   10⁻¹⁰   10⁻⁸   10⁻⁶   10⁻⁴   10⁻²   1   10²   10⁴   10⁶ [nm]
```

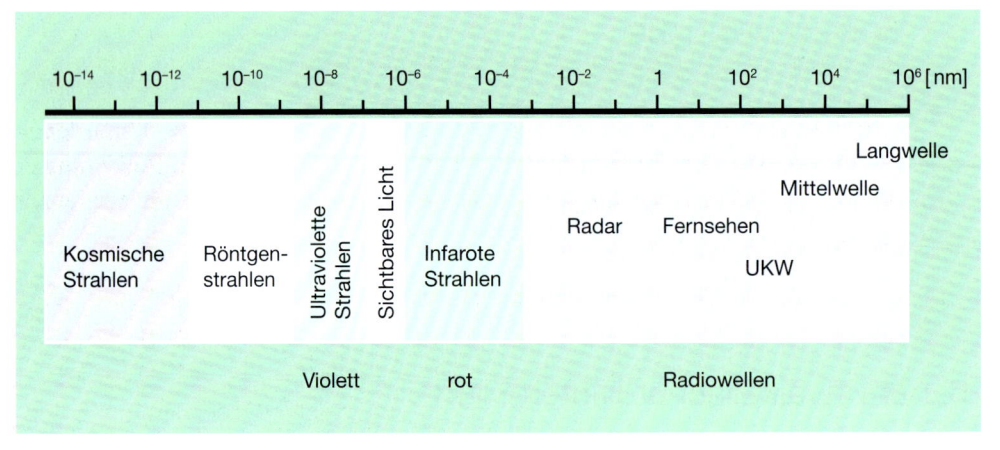

Langwelle
Mittelwelle
Radar   Fernsehen
Kosmische   Röntgen-   Ultraviolette   Sichtbares Licht   Infarote   UKW
Strahlen   strahlen   Strahlen   Strahlen

Violett   rot   Radiowellen

Abb. 6.1-1: Elektromagnetisches Spektrum

6.2 ■ Infrarot-Spektroskopie

Die Atome bzw. Atomgruppen eines Moleküls befinden sich in Schwingung. Sie findet bevorzugt in bestimmten Bindungen statt, während die restlichen Atome fast gar nicht in Schwingung versetzt werden. Der Grund dafür ist ihre Polarität, d. h. durch die unterschiedliche Elektronegativität der beteiligten Atome im Molekül verschieben sich die Elektronen in regelmäßigen Abständen. Damit wechseln auch die Dipolladungen ($\delta+$ und $\delta-$) mit ihren elektrischen Feldern um sich herum in gleicher Frequenz (= Häufigkeit der Schwingungen in einer Zeiteinheit). Haben nun die IR-Strahlen die gleiche Frequenz wie die schwingenden Atome bzw. die funktionellen Gruppen der Moleküle, dann schwingen sie miteinander synchron. Man nennt diesen Vorgang Resonanz im infraroten Bereich des elektromagnetischen Spektrums. Wird eine Probe der zu untersuchenden Substanz mit infrarotem Licht bestrahlt, so ist der Energiegehalt der einfallenden Strahlen größer als der der emittierten, da ein Teil von ihnen von den Molekülen der Probe absorbiert, d.h. ausgelöscht wurde (selektive Absorption). Aus diesen Absorptionserscheinungen lassen sich anhand von Spektren (= Bildern) Aussagen über die Molekülstruktur einer Substanz machen.

Atomspektren sind Linienspektren, Molekülspektren sind Bandenspektren, deren Linien dicht beieinander liegen und als Bänder gesehen werden (Abb. 6.2-1). Bringt man also in den Strahlengang eines zusammenhängenden lückenlosen Spektrums (= kontinuierlichen Spektrums) eine Substanz, die bestimmte Wellenlängen absorbiert, dann treten in dem ursprünglich kontinuierlichen Spektrum »Lücken« auf. Man kann daher durch direkten Vergleich der Spektren bekannter Substanzen mit Spektren unbekannter Substanzen diese eindeutig identifizieren. Außerdem gibt das

IR-Spektrum wertvolle Hinweise auf den molekularen Aufbau unbekannter Verbindungen, sodass deren Struktur analysiert werden kann.

Der infrarote Bereich des elektromagnetischen Spektrums umfasst die *Wellenlängen* 0,8 bis 500 µm bzw. die *Wellenzahlen* 12 500 bis 20 cm^{-1}. Praktische Bedeutung hat besonders der mittlere Bereich mit Wellenlängen von 2,5 bis 15 µm und Wellenzahlen von 667 bis 4000 cm^{-1}.

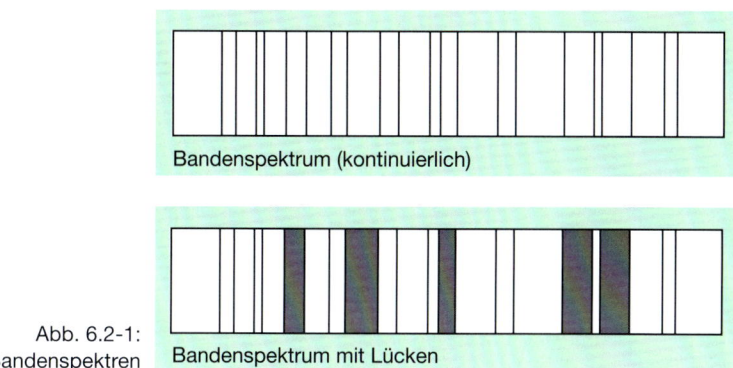

Abb. 6.2-1: Bandenspektren

Bandenspektrum (kontinuierlich)

Bandenspektrum mit Lücken

Das Arzneibuch schreibt die IR-Spektroskopie hauptsächlich zur Identitätsprüfung vor. Das IR-Spektrum steht in einem sehr engen Zusammenhang mit der jeweiligen Molekülstruktur der Substanz. Da sich verschiedene Stoffe in mindestens einem der Parameter Art, Zahl und Anordnung der Atome unterscheiden, hat jede Verbindung auch ihr eigenes Spektrum. In seiner Gesamtheit ist das IR-Spektrum für ein Molekül charakteristisch und erlaubt mithilfe gleichermaßen aufgenommener Referenzspektren die sichere Identifizierung der Arznei- und Hilfsstoffe. Sehr hohen Informationswert für die Prüfung auf Identität hat der Bereich unter 1300 cm^{-1}, der deshalb auch als »Fingerprint«-Bereich (Fingerabdruck) bezeichnet wird. Geringste Änderungen des Molekülaufbaus äußern sich durch Änderungen des IR-Spektrums in diesem Bereich.

Daneben liefert ein IR-Spektrum auch noch andere Informationen. Schwingungen für bestimmte Einfachbindungen, z.B. C–H, N–H, oder funktionelle Gruppen, z. B. C=O, C=N, erscheinen unabhängig von der sonstigen Struktur des Moleküls fast immer in den gleichen Bereichen des IR-Spektrums. Deshalb eignen sich IR-Spektren auch zur Identifizierung funktioneller Gruppen eines Moleküls und werden deshalb erfolgreich zur Aufklärung seiner Konstitution herangezogen.

MERKE

Der Fingerprint-Bereich eines IR-Spektrums ist für die Identifizierung einer chemischen Verbindung im Vergleich mit einer Referenzsubstanz besonders geeignet, weil in ihm die für die Struktur eines organischen Moleküls charakteristischen Schwingungen auftreten.

AUFGABE

Betrachten Sie die beiden IR-Spektren in Abbildung 6.2-2 und vergleichen Sie sie miteinander. Wo sehen Sie die Unterschiede?

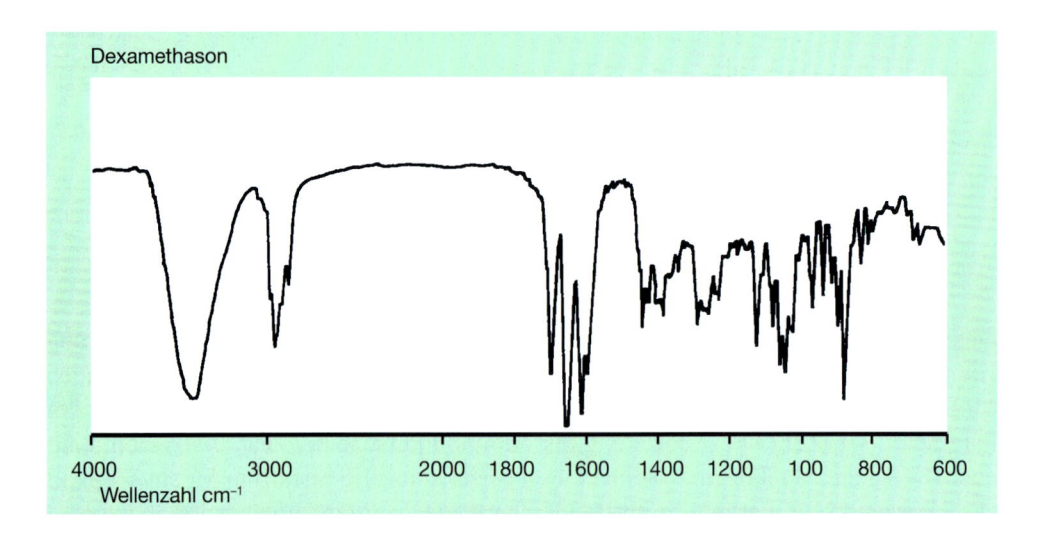

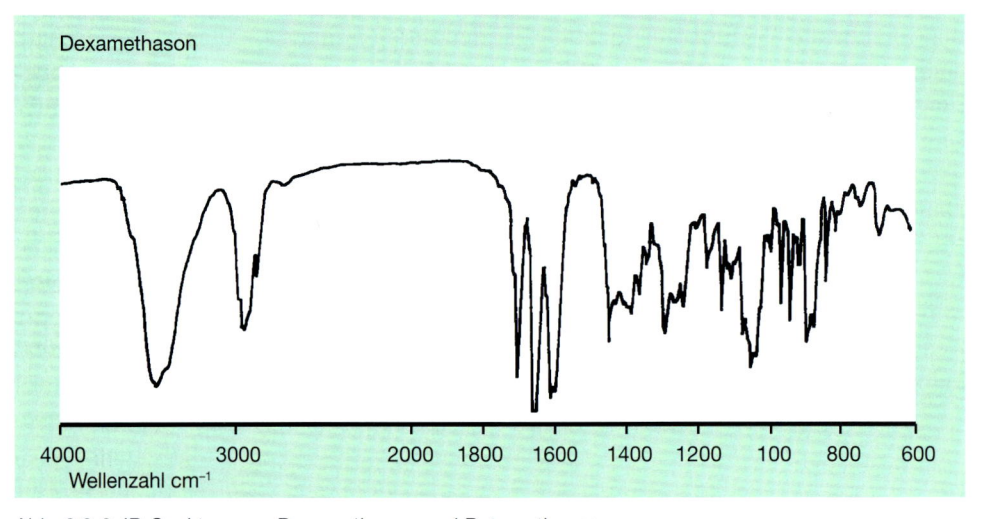

Abb. 6.2-2: IR-Spektren von Dexamethason und Betamethason

6.3 ■ UV/Vis-Spektroskopie

Spektralphotometer, mit denen im ultravioletten und sichtbaren Bereich des Lichts gemessen werden kann, enthalten ein optisches System, das monochromatisches Licht der Wellenlängen 200 bis 800 nm liefert, sowie eine Vorrichtung, mit der die Absorption dieses Lichts durch Moleküle gemessen werden kann (Abb. 6.3-1).

Bestrahlt man Moleküle, die beispielsweise Mehrfachbindungen oder freie Elektronenpaare enthalten, mit ultraviolettem oder sichtbarem Licht, werden deren Moleküle von ihrem energetischen Grundzustandsniveau auf höhere Energiestufen (vom Atomkern weg) gehoben. Die Moleküle befinden sich dann in einem angeregten Zustand. Die notwendige Energiemenge wird dem eingestrahlten Licht durch Absorption entnommen, aber immer nur dann, wenn der Energiebetrag genau dem entspricht, der zur Anregung auf das höhere Energieniveau benötigt wird. Bei Wellenlängen des Lichts, deren Energieinhalt zu groß oder zu klein ist, um diesen Elektronenübergang herbeizuführen, absorbiert das Molekül nicht.

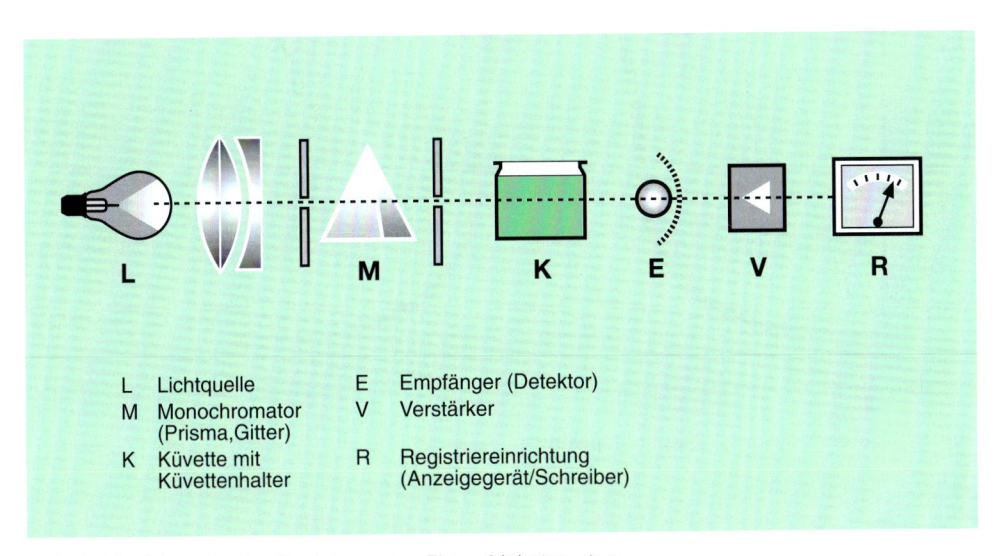

L Lichtquelle
M Monochromator (Prisma, Gitter)
K Küvette mit Küvettenhalter
E Empfänger (Detektor)
V Verstärker
R Registriereinrichtung (Anzeigegerät/Schreiber)

Abb. 6.3-1: Schematische Darstellung des Einstrahlphotometers

Die zu untersuchende Substanz wird als Lösung in einer Küvette der Schichtdicke b mit Licht einer bestimmten Wellenlänge und einer bestimmten Intensität I_0 durchstrahlt. Das austretende Licht hat dann bei gleicher Wellenlänge eine verringerte Intensität I. Das Verhältnis dieser beiden zueinander ist die Durchlässigkeit, die man auch als »Transmission (T)« bezeichnet. Unter »Absorption«, früher als Extinktion (E) bezeichnet, wird nach dem Arzneibuch der dekadische Logarithmus des Kehrwertes der Transmission verstanden. Absorption ist also definiert als dekadischer Logarithmus des Verhältnisses der Intensitäten des eingestrahlten Lichts zu austretendem Licht (Abb. 6.3-2). Wenn die Untersuchungslösung kein Licht absorbiert, ist $I = I_0$, d. h. die Durchlässigkeit T ist 100 %. Wird hingegen das gesamte eingestrahlte Licht absorbiert, beträgt die Durchlässigkeit 0 %.

$$T[\%] = \frac{I \times 100}{I_0} \qquad A = \log_{10}\left[\frac{1}{T}\right]$$

$$A = \log_{10}\left[\frac{1}{\frac{I}{I_0}}\right]$$

$$A = \log_{10}\left[\frac{I_0}{I}\right]$$

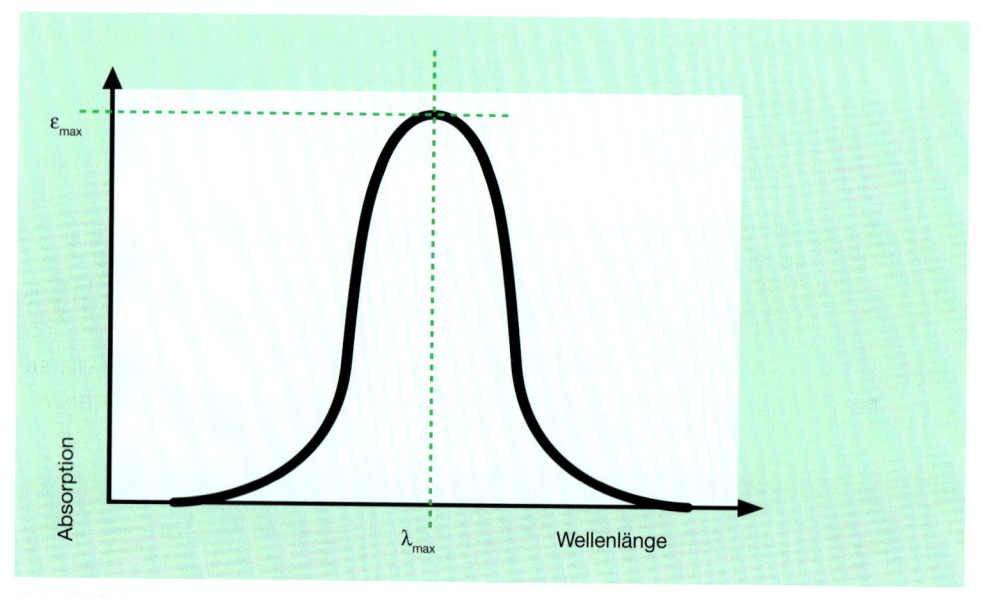

Abb. 6.3-2: Messung eines Absorptionsspektrums

Die Absorption einer Substanz ist in stark verdünnten Lösungen unmittelbar proportional ihrer Konzentration c, gemessen in mol/l, der durchstrahlten Schichtdicke b, gemessen in cm, und einer Stoffkonstanten ε (Epsilon), dem molaren Absorptionskoeffizienten. Der Proportionalitätsfaktor ε wird bezogen auf die Konzentration einer Substanz in mol × l^{-1} und der durchstrahlten Schicht in cm. Er entspricht der Absorption, die man in einer 1-molaren Lösung bei einer Schichtdicke von 1 cm messen würde.

6 Spektroskopie

Es gilt das *Lambert-Beer'sche Gesetz*
Die Abnahme der Lichtintensität durch Absorption ist der Konzentration der zu prüfenden Substanz proportional.

$$A = \varepsilon \times c \times b$$

$$c = \frac{A}{\varepsilon \times b}$$

A = Absorption
ε = Molarer Absorptionskoeffizient [l × mol^{-1} × cm^{-1}]
c = Molare Konzentration [mol × l^{-1}]
b = Schichtdicke [cm]

Trägt man bei einer bestimmten Konzentration des Stoffes die Absorption gegen die Wellenlänge auf, so erhält man eine Absorptionskurve, das UV/Vis-Spektrum. Es hat Wellenberge und Wellentäler. Die an der Spitze eines Wellenberges vorliegende größte Absorption wird zur Berechnung nach dem Lambert-Beer'schen Gesetz herangezogen.

Für analytische Zwecke ist es meist überflüssig, die ganze Absorptionskurve aufzunehmen, da die Elektronenspektren der Substanzen oft nur ein Maximum im Messbereich haben. Bei diesem charakteristischen Maximum, das im Arzneibuch angegeben ist, wird gemessen und daraus der molare Absorptionskoeffizient nach dem Lambert-Beer'schen Gesetz errechnet.

Die *spezifische Absorption* einer gelösten Substanz wird im Arzneibuch mit $A_{1\,cm}^{1\,\%}$ angegeben, das ist die Absorption einer 1 % (m/V) Lösung bei definierter Wellenlänge und einer Schichtdicke von 1 cm. Ist die spezifische Absorption bekannt, lässt sich daraus direkt die prozentuale Konzentration des Stoffes in der Lösung berechnen.

$$A_{1\,cm}^{1\,\%} = \frac{10 \times \varepsilon}{M_r}$$

$$c^* = c \times M_r$$

$A_{1\,cm}^{1\,\%}$ = Spezifische Absorption
ε = Molarer Absorptionskoeffizient
M_r = Relative Molekülmasse
c = Konzentration des Stoffes [mol × l^{-1}]
c* = Konzentration des Stoffes [mg × l^{-1}]

Stichwortverzeichnis

Die Stichworte stehen alphabetisch im Singular (Einzahl). Die Ziffern geben die Seitenzahlen an, unter denen das entsprechende Stichwort zu finden ist. Adjektive (Eigenschaftswörter) sind, wenn sie im Sprachgebrauch vor einem Substantiv (Hauptwort) gesprochen werden, vorangestellt.

Also: »Elektromagnetisches Spektrum« siehe unter »Elektromagnetisches«, *nicht* unter »Spektrum, elektromagnetisches«.

Umlaute (ä, ö, ü) sind im Alphabet nicht berücksichtigt. Also: »Äquivalenzpunkt« siehe unter »aq«.

A

Abbe-Refraktometer 116
Ablesefehler 39
Absolute Dichte 71
Absoluter Nullpunkt 41
Absorption 99, 141, 145
Absorptionsspektrum 146
Adhäsionskraft 31
Adsorption 99, 123
Adsorptionschromatographie 124, 130
Aggregatzustand 83
Akkommodation 109
Aktivitätsstufe nach Brockmann 127
Alkoholmeter 77
Alterssichtigkeit 111
Ampere 56
Amperemeter 56
Analog 15
Analoges Messen 15
Analytische Waage 29
Anionenaustauscher 59
Anschütz-Thermometersatz 44
Äquivalenzpunkt 67
Aräometer 76
Arbeit 14
Asymmetrie 65
Asymmetrisches Kohlenstoffatom 118
Atmosphäre 48
Auflösungsvermögen 113
Auftrieb 74
Auge 109
Autoklav 95
Azeotrop 95

B

Badethermometer 43
Balkenwaage 24
Bandenspektrum 142, 143
bar 48
Barometer 51
Basiseinheit 13
Basisgröße 13
Berührungsthermometer 43
Beugung 105
Bezugselektrode 62
Boyle-Mariotte 47
Brechungsindex 115
Brennstrahl 108
Brille 109
Brownsche Molekularbewegung 42
Bunsenbrenner 50
Bürette 38

C

Candela 13
Celsius-Skala 41
Chromatographie 123
Computer-Tomographie 141
Coulomb'sches Gesetz 53
Cyclotest-Thermometer 44

D

Dampfdruck 32
Dampfdrucktopf 95
Desorption 126

Destillation 95
Detektion 126, 133
Dezimalsystem 15
Dichte 71
Diffraktion 105
Digital 15
Digitales Messen 15
Digitalthermometer 45
Dipol 55
Dispersion 106
Doppelzentner 23
Dosenmanometer 52
Drehpunkt 24
Druck 46
Druckmessung 51
Dünnschichtchromatographie 125
Dynamische Viskosität 78

E

Eichung 17, 46
Eichzeichen 17
Einheit 13
Einheit der Masse 23
Einschlussthermometer 43
Einstabmesselektrode 63, 64, 66
Einstrahlphotometer 145
Eispunkt 41
Elektrische Spannung 54, 58
Elektrische Stromstärke 55
Elektrischer Stromkreis 53
Elektrisches Feld 55
Elektrode 61, 66
Elektrolyte 59
Elektromagnet 56
Elektromagnetisches Spektrum 102, 141
Elektronengas 55
Elektronenmangel 53
Elektronenspinresonanz-Spektroskopie 141
Elektronenüberschuss 53
Elektronische Waage 27
Elektronisches Thermometer 45
Eluotrope Reihe 127
Elutionsmittel 129
Emission 100, 141
Empfindlichkeit der Waage 28
Energie 14, 22
Erdanziehung 21
Erstarrungstemperatur 91
Eutektisches Gemisch 86

F

Fadenfehler 44
Fadenriss 44
Fehlermöglichkeit 39, 44
Feinbürette 39
Feldlinie 55, 56
Fieberthermometer 43
Filtriergeschwindigkeit 50
Fingerprint 143
Fluoreszenz 100
Flüssigchromatographie 129
Flüssigkeitsmanometer 51
Flüssigkeitsthermometer 42
Flüssigkristallthermometer 46

G

Galinstan 43
Gas 47
Gasbrenner 50
Gaschromatographie 134
Gasdruck 47
Gewichtskraft 21
Glaselektrode 62
Glasfiltertiegel 49
Gleicharmige Hebelwaage 26
Gleichstrom 54
Gramm 23
Grenzwinkel 104

H

Handelswaage 29
Hebel 25
Hebelwaage 24
Hectopascal 48
High-performance-thin-layer-
    chromatography 129
Hochdruckflüssigchromatographie 133
Hochdrucksterilisator 95
Hochleistung-Dünnschichtchromato-
    graphie 135
Höchstlast 29
Hochvakuum 49
Hochviskos 79
HPLC 133
HPTLC 129
Hydrophil 127
Hydrostatische Waage 74

I

Idealviskos 80
Induktionsspannung 56
Induktionsstrom 56
Infrarot-Spektroskopie 141, 142
Infrarotstrahlung 102
Infrarotthermometer 45
Internationales Einheitensystem 13
Ionenaustauscher 59
IR-Strahlung 102
Isolator 55, 57

J

Justierung 20

K

Kalibrierung 20, 65
Kapillarität 31
Kapillarviskosimeter 80
Kationenaustauscher 59
Kelvin-Skala 41
Kennzeichnung 34
Kernresonanzspektroskopie 141
Kernspin-Tomographie 141
Kilogramm 23
Kilopascal 48
Kinetische Energie 22, 47
Klarschmelzpunkt 86
Kohäsionskraft 31
Komplementärfarbe 99
Kontaktlinse 109
Kontinuierliches Spektrum 142
Kraft 14, 47
Kubikdezimeter 34
Kubikzentimeter 34
Kurzsichtigkeit 109

L

Lambert-Beer'sches Gesetz 147
Leiter 55, 58
Leitfähigkeit 55, 57, 60
Licht 99, 100, 101
Lichtquelle 103
Lichtstärke 13
Linienspektrum 142
Linse 107

Lipophil 127
Liquidchromatographie 129
Liter 34
Luftdruck 48
Lupe 112

M

Magnetisches Feld 56
Magnetismus 56
Manometer 51
Masse 21
Mechanisches Manometer 52
Membranmanometer 52
Meniskusfehler 39
Messelektrode 62
Messen 15
Messen der Masse 21
Messen der Temperatur 41
Messen des Druckes 46
Messen des Volumens 31
Messen elektrischer Größe 53
Messkolben 37
Messpipette 37
Messzylinder 36
Metallgitter 55
Meter 13
Mikroliter 34
Mikrosekunde 14
Mikrosiemens 60
Mikroskop 112
Millibar 48
Milligramm 23
Milliliter 34
Millisekunde 14
Millivolt 54
Mindestlast 29
Minute 14
Mittelpunktstrahl 108
Mobile Phase 123, 127
Mohr-Westphal'sche Waage 74
Molekularkraft 31
Monochromatisch 100

N

Nachlauffehler 41
Newton 47
Newton'sche Flüssigkeit 80
Nichtleiter 55

Nicht-Newton'sche Flüssigkeit 80
Nicol'sches Prisma 119
Niederviskos 79
Nonius 122
Normaldruck 48
Normdarstellung 17

O

Oberflächenspannung 31
Objektiv 114
Ohm 58
Ohm'sches Gesetz 58
Ohrthermometer 45
Okular 114
Optik 99
Optische Aktivität 118
Optische Drehung 120
Oxidationszone 50

P

Papierchromatographie 135
Parallaxenfehler 40, 44
Parallelstrahl 108
Pascal 48
Pascalsekunde 79
Pfund 23
pH-Messung 61
Phosphoreszenz 101
Photonenmodell 100
pH-Wert 60
Pikogramm 23
Polar 127
Polarimeter 118
Polarisiertes Licht 118
Polychromatisch 100
Potentiograph 67
Potentiometrie 60
Potentiometrische Titration 67
Potenzialdifferenz 55, 60, 63
Potenzialsprung 67
Potenzielle Energie 22
Präfix 16
Präzisionswaage 29
Prisma 106
Projektor 111
Pyknometer 73

R

Rauminhalt 33
Reduktionszone 50
Reelles Bild 108
Reflexion 103
Refraktion 104
Refraktometer 115
Relative Dichte 72
Retentionsfaktor 128
Retentionszeit 133
Rezepturwaage 26
Rf-Wert 128
Rotationsviskosimeter 82
Rotierendes Thermometer 93

S

Saccharimeter 77
Sammellinse 107
Sättigungsdampfdruck 33
Saugflasche 49
Saugpumpe 49
Säulenchromatographie 129
Schellbachstreifen 39
Schmelzblock 88
Schmelzdiagramm 86
Schmelzpunkt 41
Schmelzpunktdepression 85
Schmelztemperatur 85
Schräghaltefehler 40
Schwerkraft 21
Schwerpunkt 24
Sekunde 14
Selbsteinspielende Waage 27
Siedepunkt 41
Siedetemperatur 94, 96, 98
Sikotopf 95
SI-System 13
Sofortschmelzpunkt 88
Spannung 54, 58
Spannungsdifferenz 60, 63
Spektroskopie 141
Spezifische Absorption 147
Spezifische Drehung 120
Standardmaß 13
Stationäre Phase 123, 127
Steigschmelzpunkt 89
Steilheit 65
Sterilisator 95

Stoffmenge 13
Strahlengang 107, 114
Stromkreis 55
Stromstärke 55, 58
Stunde 14
Substitutionswaage 26

T

Tag 14
Technisches Format 16
Teclubrenner 50
Temperaturskala 41
Thermische Kennzahl 83
Thermodynamische Skala 42
Thermofarbe 46
Thermometer 42
Thiele-Apparatur 86
Thixotrop 80
Tonne 23
Torr 48
Totalreflexion 104
Transmission 145
Tropfpunkt 90, 93
Tropfpunktthermometer 90

U

Überdruck 51
Ultraviolettstrahlung 102
Ungleicharmige Hebelwaage 26
Unpolar 127
Unterdruck 49
Urmeter 13
U-Rohr-Manometer 51
Urometer 77
UV/Vis-Spektroskopie 141, 145
UV-Strahlung 102

V

Vakuum 49
Vakuumpumpe 49
Verdunstungswärme 33
Verschobene Skala 44
Verteilungschromatographie 124, 131
Virtuelles Bild 108
Viskosität 78
Vollpipette 38

Volt 54
Voltmeter 54
Volumen 33
Volumenmessgefäß 34

W

Waage 23
Wägebereich 29
Wägen 30
Wärme 46
Wasserstrahlpumpe 49
Wechselstrom 54
Weitsichtigkeit 110
Wellenlänge 101, 102, 143
Wellenzahl 143
Welle-Teilchen-Dualismus 99
Widerstand 57

Z

Zählen 15
Zehnerpotenz 16
Zentner 23
Zerstreuungslinse 107